PPP 模式在养老服务领域的应用

赵金煜　邢潇雨　著

北　京
冶 金 工 业 出 版 社
2022

内 容 提 要

本书分析了 PPP 模式机构养老关键影响因素，探究了 PPP 模式机构养老社会资本方选择与监管问题，为规范 PPP 模式机构养老服务设施建设，对应提出项目流程管理与风险管理指南，研究 PPP 模式机构养老项目的利益分配方式，以更加科学合理地体现政府和社会资本的努力水平，更有利于吸引社会资本参与养老服务建设。

本书可供公共管理及工程管理类的科研人员和管理人员阅读，也可供大专院校有关专业的师生参考。

图书在版编目(CIP)数据

PPP 模式在养老服务领域的应用/赵金煜，邢潇雨著 .—北京：冶金工业出版社，2022.7

ISBN 978-7-5024-9160-4

Ⅰ.①P… Ⅱ.①赵… ②邢… Ⅲ.①政府投资—合作—社会资本—应用—养老—社会服务—研究—中国 Ⅳ.①D669.6

中国版本图书馆 CIP 数据核字(2022)第 120565 号

PPP 模式在养老服务领域的应用

出版发行	冶金工业出版社	**电　　话**	(010)64027926
地　　址	北京市东城区嵩祝院北巷 39 号	**邮　　编**	100009
网　　址	www.mip1953.com	**电子信箱**	service@mip1953.com

责任编辑　郭冬艳　美术编辑　燕展疆　版式设计　郑小利

责任校对　梁江凤　责任印制　禹　蕊

三河市双峰印刷装订有限公司印刷

2022 年 7 月第 1 版，2022 年 7 月第 1 次印刷

710mm×1000mm　1/16；12.5 印张；242 千字；187 页

定价 65.00 元

投稿电话　(010)64027932　投稿信箱　tougao@cnmip.com.cn

营销中心电话　(010)64044283

冶金工业出版社天猫旗舰店　yjgycbs.tmall.com

(本书如有印装质量问题，本社营销中心负责退换)

前　言

据2020年我国第七次人口普查统计，我国60岁及以上人口的比重达到18.70%，其中65岁及以上人口比重达到13.50%，相较于国际社会界定对国家或地区是否进入老龄化社会的判定标准，我国已然迈入老龄化社会，且老龄化速度还在不断加快。老龄化的加剧也暴露出我国民生养老领域面临的严峻挑战：一是老龄化人口不断增多且将长期保持高度增长的严峻态势；二是养老服务需求呈现多样化、专业化、高品质的特点，我国的养老服务难以满足老年人对美好生活的需要；三是养老服务财政性支出不足，难以满足养老设施建设需要。

我国政府为了解决养老问题，出台了一系列的养老服务政策，基本确立了“以居家养老为基础、社区养老为依托、机构养老为补充”的养老服务体系，三种养老模式比例接近90：7：3。而受计划生育及城镇化发展等相关政策的相互作用影响，当前我国家庭结构多呈现“421”式结构，使得家庭养老承担较大的压力。在养老设施筹建过程中，政府承担了较大的财政压力。随着养老群体对养老服务要求不断提高，若仅依靠政府独自提供资金支持，养老事业将难以持续发展，因此探索养老体系建设新模式成为推动我国老龄事业向前发展的重要举措。

PPP模式是在基础设施建设中发展起来的一种优化的项目融资与实施模式。在养老服务领域中引入PPP模式能够拓宽公共服务设施融资渠道，减轻政府财政负担，提高养老服务设施建设资金的使用效率，同时增强养老服务机构的管理与运营能力。

本书从养老PPP项目发展前景、影响因素、合作伙伴选择、合作伙伴监管、流程管理、风险管理、收益分配、发展对策等方面，详细论述了PPP模式机构养老的研究热点问题。全书共分11章，其中第1章和第2章对养老PPP进行综述并分析了养老PPP项目发展前景；第3章对PPP模式机构养老项目建设和运营所存在的影响因素进行了归纳；第4章和第5章确定了养老PPP项目社会资本方选择与监管的方式；第6章和第7章指明了养老PPP项目的流程管理与风险管理运作逻辑；第8章考虑风险分担和资源投入条件下的合作伙伴收益分配；第9章则是围绕养老PPP领域存在的待解决疑难问题，提出针对性对策；第10章和第11章给出了中外部分PPP项目案例。

PPP模式机构养老既有利于缓解政府财政压力，还有助于优化市场资源配置，以提高社会养老服务供给的效率和能力，进而推动养老机构产业化发展。本书的研究不仅为政府部门、社会资本方及相关专业师生理解和研究机构养老PPP模式提供理论基础，而且为项目建设者和项目管理者开展PPP模式机构养老项目实践提供参考，还有助于调动社会资本方学习PPP理论的主动性及其参与养老PPP项目的积极性。

由于作者水平有限，书中不妥之处，恳请广大读者批评指正。

赵金煜

2022年4月

目　　录

1 绪　　论

1.1 养老产业发展的社会背景

人口老龄化是人类社会发展的客观趋势，世界卫生组织预测，2015~2050 年世界上 60 岁以上人口的比例将增加近 1 倍，从 12%升至 22%。中国是世界上老年人口数量最多的国家，人口老龄化也是我国今后较长一段时期的基本国情，面对这一基本现实，我国政府提出社会福利社会化的理念，相继出台相关政策法规，实施积极应对人口老龄化的国家战略，从多个行业角度持续推进养老服务事业的开展。国务院最新印发的《“十四五”国家老龄事业发展和养老服务体系规划》围绕推动老龄事业和产业协同发展、推动养老服务体系高质量发展，提出构建和完善兜底性、普惠型、多样化的养老服务体系的要求，系统地对新时代养老事业的继续推进做出战略部署。

人口老龄化是我国当今社会发展的重要趋势，老龄化快速发展的过程中暴露了养老服务体系的不足，同时也催生了大量的养老服务需求，可以说人口老龄化的发展不仅是一个挑战，也是一个机遇。正确的认识养老产业发展的客观形势，对进一步推进我国老龄事业的发展具有重要意义。

1.1.1 严峻的老龄化形势

目前，我国人口老龄化正处于加速发展阶段，人口老龄化程度持续加深，老龄化问题日益凸显，形势愈发严峻。自 2000 年步入老龄化社会以来，我国已跨过了第一个快速人口老龄化期，但很快还需应对一个更快速的人口老龄化期。第七次人口普查主要数据发布会答记者问时，国家统计局局长指出，我国 60 岁及以上人口的比重达到 18.70%，其中 65 岁及以上人口比重达到 13.50%，人口老龄化的主要特点有以下几个方面：

第一，老年人口规模庞大。我国 60 岁及以上人口有 2.6 亿人，其中 65 岁及以上人口 1.9 亿人。全国 31 个省（市区）中，有 16 个省份的 65 岁及以上人口超过了 500 万人，其中有 6 个省份的老年人口超过了 1000 万人。

第二，老龄化进程明显加快。2010~2020 年，60 岁及以上人口比重上升了 5.44 个百分点，65 岁及以上人口上升了 4.63 个百分点。与上一个 10 年相比，上升幅度分别提高了 2.51、2.72 个百分点。

第三，老龄化水平城乡差异明显。从全国看，乡村 60 岁、65 岁及以上老人的比重分别为 23.81%、17.72%，比城镇分别高出 7.99、6.61 个百分点。老龄化水平的城乡差异，除了经济社会原因外，与人口流动也有密切关系。

第四，老年人口质量不断提高。60 岁及以上人口中，拥有高中及以上文化程度的有 3669 万人，比 2010 年增加了 2085 万人；高中及以上文化程度的人口比重为 13.90%，比 10 年前提高了 4.98 个百分点。10 年来，我国人口预期寿命也在持续提高，2020 年，80 岁及以上人口有 3580 万人，占总人口的比重为 2.54%，比 2010 年增加了 1485 万人，比重提高了 0.98 个百分点。

我国老年人口规模庞大，老龄化进程明显加快。根据国家统计局第七次人口普查最新数据显示，截至 2020 年，全国 0~14 岁人口数约为 25338 万人，占全国人口总数的 17.95%；15~59 岁人口数为 89437 万人，占总数的 63.35%；60 岁及以上人口为 26401 万人，占总数的 18.7%（其中 65 岁及以上人口为 19063 万人，占 13.5%）。由此可见，我国老龄人口数量不断增加，整体上升趋势明显，老龄化程度进一步加深。表 1-1 为我国目前人口年龄构成表。

表 1-1　我国目前人口年龄构成表

年龄	人口数/人	比重/%
总计	1411778724	100
0~14 岁	253383938	17.95
15~59 岁	894376020	63.35
60 岁及以上	264018766	18.7
其中：65 岁及以上	190635280	13.5

从新增人口数量来看，2021 年比 2020 年，0~15 岁人口减少 528 万人，16~59 岁人口增加 247 万人；60 岁及以上人口增加 329 万人，人口比重上升 0.2 个百分点；65 岁及以上人口增加 992 万人，人口比重上升 0.7 个百分点。表 1-2 为全国各地区人口年龄构成表。

表 1-2　各地区人口年龄构成　（%）

地区	60 岁及以上	其中：65 岁及以上
全　国	18.70	13.50
北　京	19.63	13.30
天　津	21.66	14.75
河　北	19.85	13.92
山　西	18.92	12.90
内蒙古	19.78	13.05

续表 1-2

地区	60 岁及以上	其中：65 岁及以上
辽　宁	25.72	17.42
吉　林	23.06	15.61
黑龙江	23.22	15.61
上　海	23.38	16.28
江　苏	21.84	16.20
浙　江	18.70	13.27
安　徽	18.79	15.01
福　建	15.98	11.10
江　西	16.87	11.89
山　东	20.90	15.13
河　南	18.08	13.49
湖　北	20.42	14.59
湖　南	19.88	14.81
广　东	12.35	8.58
广　西	16.69	12.20
海　南	14.65	10.43
重　庆	21.87	17.08
四　川	21.71	16.93
贵　州	15.38	11.56
云　南	14.91	10.75
西　藏	8.52	5.67
陕　西	19.20	13.32
甘　肃	17.03	12.58
青　海	12.14	8.68
宁　夏	13.52	9.62
新　疆	11.28	7.76

从地区人口年龄构成来看，31 个省（市区）除西藏外，其他 30 个省（市区）65 岁及以上老年人口比重均超过 7%，其中，12 个省（市区）65 岁及以上老年人口比重超过 14%。以上数据显示我国老龄化程度仍在进一步加深，据预测 2060 年之前，我国老龄人口比重将继续处于迅速上升阶段，2050 年建成现代化强国前夕，老年人口的总体规模约达到 4.8 亿人，直逼峰值水平，相应占比超过 35%，届时我国将会达到联合国定义的“超老龄”社会的标准。

1.1.2 迫切的养老服务需求

由于中国的老龄人口数量众多，而且存在“空巢化”“少子化”“高龄化”“慢性病”“失能化”等现象，因此对养老服务提出了更多的需求和更高标准的要求，养老服务不只是提供老龄群体日常起居生活的物质需求，同样包含情感陪伴等精神需求。面对急剧增加的养老服务需求，我国政府致力于构建更加完善的养老服务体系，推进养老服务体系的高质量发展。

（1）不断增加的多样化养老需求。受传统观念影响，“养儿防老”的思想观念在老年人群体中屡见不鲜，目前居家养老模式在我国仍占据主导地位。但随着经济社会的发展、城镇化的进行，子女外出务工现象普遍，越来越多的老人独居家中，老年群体“空巢化”现象日益严重，第四次中国城乡老年人生活状况抽样调查数据显示，空巢老人数量超过 1 亿人；面对如此庞大的空巢老人养护需求，仅仅依靠传统的家庭养老已经很难满足当下老年群体的需求，居家养老模式功能上的不足也逐渐显现，多样化的养老需求不断增加。

（2）不断增加的专业化养老需求。老年人群体普遍存在身体健康问题，是心血管、糖尿病等慢性疾病的高发人群。我国老年人整体健康状况不容乐观，据统计数据显示：患有慢性病的老年人口达 1.8 亿人，患有一种及以上慢性病的比例高达 75%，其中失能和半失能老人已达 4063 万人，约占老年人口数的 18.3%。相比于普通老年人群，失能老人的护理难度相对增大，对专业化养老服务的需求更多，对提供养老服务养护人员的专业性要求也更高。而这种类型的老年人不在少数，因此“慢性病”“失能化”的现象逐渐凸显，这不仅给传统的养老模式带来了更大的挑战，而且催生了大量的专业化养老服务的需求。

（3）不断增加的高品质养老需求。随着时代的不断发展，老年人口受教育的水平也有显著的提高，截止到 2020 年末，60 岁以上老人群体未上过学的人口约为 3209 万人，教育程度为小学的人口约为 12272 万人，初中、高中人口数约 9869 万人，大学专科以上学历人口约 1050 万人；初中及以上教育程度的老年人口约占 60 岁及以上老年人口的 41.4%，相较于 2015 年调查数据的 28.9%，初中及以上文化程度的老年人口上升了 12.5 个百分点，老年人口受教育程度大幅提升。文化程度的不断提高，带来的是部分老年人观念的改变，考虑到子女的生活压力，不少老人选择独自生活，在家庭经济条件提升、思想观念解放等因素的影响下，越来越多的家庭对全面、高质量的养老模式提出更多的需求。同时，由于我国退休养老机制的逐渐完善，大部分城镇老年人退休后拥有较为充足的退休金，部分老年人在获得养老服务时更多考虑的是服务的品质，而不是将价格放在首要位置。这种情况下，能够提供更高质量养护服务的社会养老更能满足老年群体的需求，高品质养老服务需求逐渐增加。

1.1.3 养老设施配备情况

当前我国的养老模式为典型的90∶7∶3，也就是居家养老、社区养老和机构养老三种模式构成比例分别为90%、7%和3%，居家养老占主导地位，市场需要更多元化的养老模式。目前在市场上，公办和民营的养老机构在同市场中竞争，民办机构是自负盈亏，公办养老机构有政府的优待和补贴。尽管如此，部分公办养老机构还存在运营活力不足、专业化程度低等情况，大部分公办养老院的职能定位不明确、管理体制僵化、资源分配与利用不均衡，现代养老对养老服务的标准逐步提高，公办养老机构急需转型。

总体来看，我国养老服务机构数量呈增长趋势，2021 年我国养老服务机构数量达 4.25 万个，较 2020 年增加了 0.45 万个，同比增长 11.73%，可以进一步缓解养老压力，如图 1-1 所示。

图 1-1 2014~2021 年中国养老服务机构数量统计

近十年来，我国养老服务供给稳步增长。以养老服务床位来看，2012 年养老服务床位为 381 万张，之后 5 年间以每年百万张的速度增加，如图 1-2 所示。2022 年 2 月国务院印发的《“十四五”国家老龄事业发展和养老服务体系规划》提出，“十四五”时期养老服务床位总量要达到 900 万张以上，养老机构护理型床位占比达到 55%，设立老年医学科的二级及以上综合性医院占比达到 60% 以上。综合来看，我国的养老产业还处在初级阶段，以养老床位测算，按照国际通行的 5%老年人需要进入机构养老标准，我国至少需要 1320 多万张床位，而现在只有约 820 万张，缺口达 500 多万张。

虽然我国的养老机构床位数呈现增长的趋势，但受到人口老龄化加速的影响，60 岁以上每千名老人拥有的养老床位仍然处于较低水平。2012 年，我国每千名老年人拥有养老床位 21.48 张，2015 年升至 30.31 张，之后稳定在约 30 张

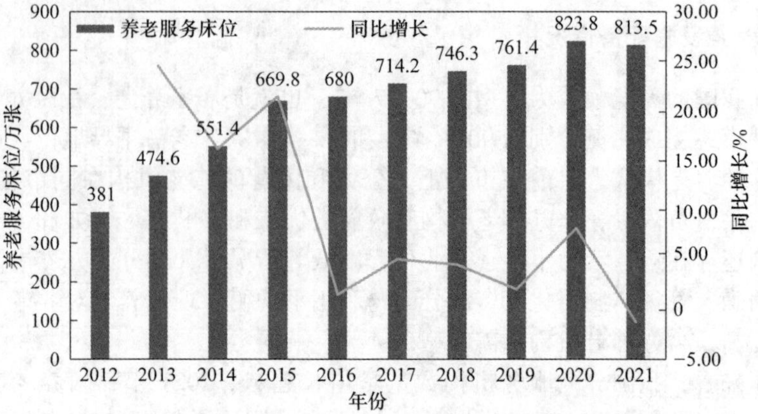

图 1-2 2012~2021 年中国养老服务床位数量统计

的水平，2020 年为 31. 10 张（见图 1-3）。从供给方面看，截至 2021 年，我国拥有养老服务床位数 813. 5 万张，每千名老年人拥有养老床位 30. 81 张，相比于国际标准（每千名老年人拥有床位 50 张）仍有较大差距。

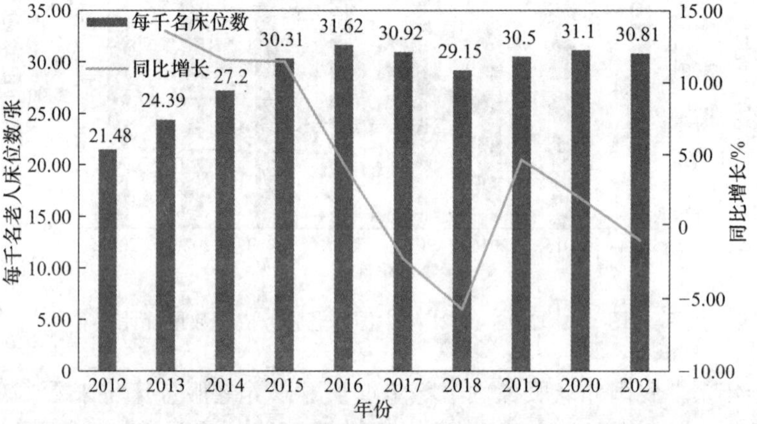

图 1-3 2012~2021 年每千名老年人拥有养老床位数

1.2 养老模式概述

1.2.1 养老服务体系

1.2.1.1 养老服务体系的概念

养老服务体系的含义最初是由政府相关文件提出：“在供养方式上坚持以居家为基础、以社区为依托、以社会福利机构养老为补充的发展方向”的社会福利社会化路子。由于养老服务在社会福利中占有重要地位，这一概括逐步演变为专指养老服务体系，并于2006年前后最终确定为“以居家养老为基础、社区服务为依托、机构养老为补充的服务体系”。到2011年，民政部明确提出：“以居家养老为基础、社区服务为依托、机构养老为支撑，资金保障与服务保障相匹配，基本服务与选择性服务相结合，形成‘政府主导、社会参与、全民关怀’的服务体系”。

养老服务体系是指老年人在生活中获得的全方位服务支持的系统。该体系既包括家庭提供的基本生活设施和生活环境，也包括社区提供的各种服务和条件。其提供的基本养老服务则是建立在一定社会共识基础上，与经济社会发展水平相适应，以履行政府公共服务职能为取向，以满足老年人基本需要、提升老年人生活质量为目标，以家庭为养老服务供给的基础单元和首要责任主体，以政府为基本养老服务主导和兜底主体，充分发挥市场、社会多主体功能，以“人人享有、人人可及、兜底充分、适度普惠”为基本原则，面向所有老年人，以经济困难、身体失能、家庭养老能力不足等贫弱老年群体为重点关注对象，以提供基本生活照料、失能失智长期照护、精神关爱、紧急帮助等为主要内容，包含家庭、居家社区和机构等多种服务形态，以及与服务相适应的设施设备、规范标准、评估监管、人才培养、权益优待等要素的一系列服务、要素和政策的综合。

1.2.1.2 养老服务体系的类型

养老服务体系包括养老服务主体、服务对象、服务内容、服务方式四部分。从服务主体来看，可分为政府、市场与社会组织，其中，政府提供基本养老服务，社会组织提供非营利性养老服务，市场提供营利性养老服务；从服务对象来看，可根据居住地点将老年人划分为居家老年人和机构老年人；从服务的内容来看，人们的养老服务需求包括对生活照料服务的需求、对医疗护理保健的需求，以及心理慰藉、文化娱乐等方面的需求；从服务方式来看，根据服务供给主体可分为家庭养老、社区养老和机构养老，见表1-3。

表1-3 养老服务体系类型划分

分类方式	类 型
服务主体	政府：提供基本养老服务
	市场：提供营利性养老服务
	社会组织：提供非营利性养老服务
服务对象	居家老年人
	机构老年人

续表 1-3

分类方式	类 型
服务内容	对生活照料服务的需求
	对医疗护理保健的需求
	心理慰藉、文化娱乐等方面的需求
服务方式	家庭养老
	社区养老
	机构养老

1.2.2 机构养老模式

1.2.2.1 机构养老的概念

机构养老作为养老服务体系中的一种重要模式，已经成为老年人养老的主要选择之一。机构养老是由养老院、福利院、老年公寓等养老事务执行机构为老年人提供系统化、标准化养老服务的模式。顾名思义，机构养老是以社会养老机构为依托，需为适龄老人提供包括物质和精神方面的专业生活起居服务，这种起居照顾服务一般通过付费方式获得。

目前，我国养老模式分为三类：居家养老、社区养老和机构养老。三类养老模式的特点见表 1-4。受我国基本国情和家庭传统文化影响，我国现有 96%的家庭仍沿用居家养老模式，但伴随着我国老龄化进程的逐步加快、独生子女养老问题的显现和二胎政策的全面放开，青年人所承担的家庭、社会压力越来越大，养老模式势必会从居家养老模式向社区、机构养老模式过渡。

表 1-4 我国养老模式类型及特点

类型	概念及特点
居家养老	由老年人自己或者血缘亲属承担养老义务，家庭成员承担养老相关费用
社区养老	由老年人自己或者血缘亲属承担养老义务，政府购买社区养老上门服务提供给老人
机构养老	老年人集体在养老机构中养老，机构为老年人提供专业的医疗、照顾服务

由于现阶段社区养老的发展不够成熟，服务内容、形式还存在一定限制，因此，机构养老是除居家养老外最常见的养老形式。养老机构是指依法登记的，为老年人提供集中居住照料、康复医疗、文化娱乐、精神慰藉等服务的管理机构。随着老年人文化程度的提高，养老机构需要采用社会化、市场化的运作模式，不断推出多层次的养老服务，提升养老生活质量。按照老年人自理能力的不同，养老机构分为老年公寓、护理院、托老所、养老院和临终关怀机构五类，见表 1-5。

表 1-5 各类养老机构简介

养老机构类型	老年人个人情况	主要特点
老年公寓	自理老人	提供全面的公共服务，为老年人提供建筑、装修体现家庭居室的养老机构，符合自理老年人心理和体能特征
养老院	自理、半自理老人	提供相对全面的服务措施，为老年人提供集体居住环境和医疗健康护理的养老机构
护理院	自理、半自理老人	提供器材、护理等专业服务，实现老年人基本生活
托老所	自理、半自理老人	提供寄托老年人服务的独立场所
临终关怀机构	不能自理老人	为生命达到后期、生活完全不能自理的老人提供服务

1.2.2.2 养老机构现阶段存在问题

养老服务机构属于民政公共服务基础设施的主要组成部分。目前我国养老机构由于发展起步较晚，主要存在以下三个问题。

(1) 养老机构供需失衡。近年来，现有养老机构的床位数量已经不能适应老年人数的增长速度，服务质量也难以达到老年人的需求。一方面养老床位缺口大，医疗服务、康复服务等专用设施匮乏，养老院、老年公寓等中低端养老服务设施供给量明显不足。另一方面分布不平衡，在地域分布上，城市养老设施的床位一床难求，乡镇的养老设施无人问津；在服务能力上，公办养老项目财政投入不足，导致服务质量、养老环境和设施设备条件较差，民办养老机构定价过高，家庭无法承担服务费用，加上老年群体消费意识薄弱，两者的矛盾造成了养老资源的浪费。

(2) 缺乏专业化运营管理。养老机构作为服务机构对项目的管理运营都有较高要求，社会发展需要养老机构满足不同自理能力老年人的实际需求，并在使用者满意的情况下获取一定的收益，维持项目的长久发展。目前大部分养老机构缺乏专业的运营团队、专业的管理人才，导致项目营利能力较差，不能根据老年人的实际需求制定贴切的服务产品，国内也尚未建立起多层次的养老服务市场。在实践中，能够达到运营标准的养老机构不足，发展模式亟待改进。

(3) 养老机构的发展方向。为解决养老机构的运营问题，缩小供求差，提升服务水平，近年来，将 PPP 模式引入养老服务行业的研究不断深入。PPP 模式是缓解政府财政危机、提升养老事业发展速度、增加养老机构数量和改善养老机构服务质量的优良途径，将 PPP 模式引入养老服务行业能够从根本上解决养老机构建设难、运营难的核心问题。

在 PPP 模式选择上，特许经营模式适用于具有一定收费能力的养老机构。采用特许经营模式的养老 PPP 项目不仅能够吸引到社会资本方投资，解决融资难问题，也能利用社会资本方的专业管理能力有效解决养老机构运营效率低下的问题。此外，特许经营模式设置特许经营期，特许期内社会资本方可以获取收益，特许期满政府可以收回项目，充分保障了社会资本和政府两方利益。

1.3 PPP模式简介

1.3.1 PPP模式的内涵

PPP（Public-Private-Partnership）模式，定义为“公私合作伙伴关系”，是应用于公共服务、基础设施运作过程中的一种融资模式。PPP模式最早由英国提出，定义为：政府和私营机构签订协议，政府部门授予私营机构特许经营权，将公共服务或基础设施的设计、建设、运营等责任转移给私营机构。在欧洲部分国家的推动下，政府与私营机构的合作不断加强，PPP模式逐渐趋于成熟。

国内将PPP称为“政府与社会资本方合作”。由于我国的政府公共部门主要由各级政府或其代表机构担任，而私营机构除了私营企业也包括商业化模式运营的国有企业，因此政府部门的合作方统称为“社会资本方”。2014年国家发改委印发《PPP项目通用合同指南》，将社会资本的含义界定为“符合条件的国有企业、民营企业、混合所有制企业、外商投资企业等经营主体”。

虽然PPP模式并没有在世界上形成统一定义，但在各国的实践中，PPP模式拥有三个共同的特征——伙伴关系、风险共担、利益共享。首先，伙伴关系是PPP模式成功的基础。在PPP模式下，政府能够降低投资风险，社会资本能够获得长期利润，双方通过优势互补，提供更好的公共服务。其次，风险共担是PPP模式最显著的特征。政府部门通过财政补贴等方式避免了社会资本方的经营风险，社会资本方通过专业化运营避免了公共项目的低效风险。最后，利益共享是PPP模式的最终目标。政府通过寻求项目公益性与社会资本方获取长期利润之间的平衡，使项目参与双方在利益共享机制下创造共赢。

在对PPP的核心内容达成共识的基础上，各个学者从不同的角度出发，对PPP模式进行了更加详细的定义：贾康和孙洁（2009）从管理视角指出，PPP是指政府公共部门与社会资本方合作过程中，让非公共部门所掌握的资源参与提供公共产品和服务，在政府公共部门行使职能的同时也使社会资本方获得利益。其管理模式包含与此相符的诸多具体形式。通过这种合作和管理过程，可以在不排除并适当满足社会资本方的投资营利目标的同时，为社会更有效率地提供公共产品和服务，使有限的资源发挥更大的作用。叶晓甦、徐春梅（2013）在我国多元经济模式的条件下，提出了适合我国PPP的定义：公共部门和社会资本方为提供公共产品或服务，实现特定公共项目的公共效益而建立的项目全生命期关系性契约的合作伙伴、融资、建设和经营管理模式，并指出我国PPP的本质包含公与私的内涵以及合作主体广泛性的外延各方面。在合作本质上，通过建立新型的伙伴契约关系，在规范的合作规则和运行机制下，为公众提供公共产品或服务。刘薇（2015）从我国的发展实践指出，PPP 不仅仅是一种融资模式，而是一种新型的公共治理模式，是包括诸如 BOT、BT、BOO 等与定义相符的诸多形式的管理模式。

近年来，国家大力推行 PPP 项目发展，出台的相关政策中也给出了 PPP 模式的定义。2014 年我国财政部发布《关于推广和运用政府和社会资本合作模式有关问题的通知》(财金〔2014〕76 号)，首次明确 PPP 的概念：政府和社会资本合作模式是在基础设施及公共服务领域建立的一种长期合作关系。通常模式是由社会资本承担设计、建设、运营、维护基础设施的大部分工作，并通过“使用者付费”及必要的“政府付费”获得合理投资回报；政府部门负责基础设施及公共服务价格和质量监管，以保证公共利益最大化。

2014 年 12 月，国家发改委公布的《关于开展政府和社会资本合作的指导意见》(发改投资〔2014〕2724 号）中给出的定义：政府和社会资本合作（PPP）模式是指政府为增强公共产品和服务供给能力、提高供给效率，通过特许经营、购买服务、股权合作等方式，与社会资本建立的利益共享、风险分担及长期合作关系。

2015 年财政部、国家发改委、人民银行在《关于在公共服务领域推广政府和社会资本合作模式的指导意见》指出：PPP 模式是公共服务供给机制的重大创新，即政府采取竞争性方式择优选择具有投资、运营管理能力的社会资本，双方按照平等协商原则订立合同，明确责权利关系，由社会资本提供公共服务，政府依据公共服务绩效评价结果向社会资本支付相应对价，保证社会资本获得合理收益。

因此，可以总结出：PPP 模式是公共部门和社会资本方相互合作向社会提供公共产品服务或者基础设施建设的新型管理模式，即“公私合营”模式，其融资功能是 PPP 模式运作过程中的一个重要环节。PPP 是政府和社会资本基于同一项目形成的一种合作共赢关系，双方基于平等协商所签订的合同，明确利责、风险共担、利益共享，约定期满后移交政府。

PPP 模式可以实现各方主体利益最大化。一方面引进社会资本方的管理团队，让专业的人做专业的事，不但解决了项目的资金问题，为项目运营提供了保障，也通过运营使社会资本方的利益达到最佳模式。另一方面为政府节约资金，降低成本，缓解了财政危机。使政府有效地避免了在管理、运营与融资方面的风险。

1.3.2 PPP 模式的类型

根据 2014 年财政部发布的《关于印发政府和社会资本合作模式操作指南

（试行）的通知》（财金〔2014〕113 号），PPP 项目的运作方式根据私有化程度从低到高依次包括外包、特许经营、社会资本私有化三类。

如图 1-4 所示，伴随着 PPP 模式的发展，私有化程度加深，越来越多的社会资本参与到公共项目建设运营，政府也将承担越来越少的压力。其中，特许经营类项目的所有权归政府保留，且能充分发挥公私两方的优势，提高公共服务质量，更贴合公共基础设施的建设需求。特许经营模式中的 PPP 模式私有化程度较高，对社会资本方有一定的吸引力，同时能够盘活政府闲置项目，合理配置资源，减少建设投入，提高运营效率。作为新型的特许经营模式逐渐成为国内公共基础设施项目青睐的运营、改造选择。

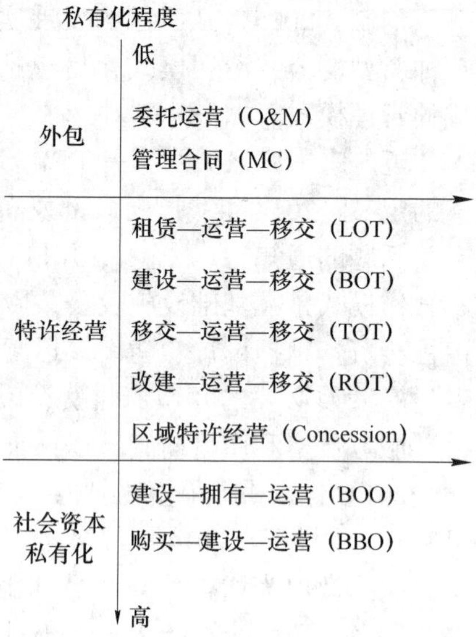

图 1-4 各类 PPP 项目私有化程度

外包类一般通过政府付费实现收益，社会资本方由于只承担部分职能，风险相对较小。特许经营 PPP 项目由社会资本与政府成立项目公司，社会资本方通过一定运作模式与政府共担风险，共享收益。该模式需要社会资本方进行部分或全部投资，期间政府将根据经营状况给予项目公司一定补偿，特许期满后社会资本方将项目移交给政府部门。私有化 PPP 项目需要社会资本方承担项目全部投资，通过使用者付费获取投资收益，常见的各种 PPP 类型包含具体的模式见表 1-6。

表 1-6 PPP 模式的常见类型

分类	细分	英文名称	投资方	产权	经营维护	合同期限
外包	委托运营	O&M，Operations & Maintenance	政府	政府	政府和社会资本	一般不超过 8 年
	管理合同	MC，Management Contract	政府	政府	社会资本	一般不超过 3 年
特许经营	租赁—运营—移交	LOT，Lease-Operate-Transfer	政府和社会资本	政府	社会资本	20~30 年
	建设—运营—移交	BOT，Build-Operate-Transfer	政府和社会资本	政府	社会资本	20~30 年
	移交—运营—移交	TOT，Transfer-Operate-Transfer	社会资本	政府	社会资本	20~30 年

续表 1-6

分类	细分	英文名称	投资方	产权	经营维护	合同期限
特许经营	改建—运营—移交	ROT，Rehabilitate-Operate-Transfer	政府和社会资本	政府	社会资本	20~30 年
	区域特许经营	Concession	政府和社会资本	政府	社会资本	20~30 年
社会资本私有化	建设—拥有—运营	BOO，Build-Own-Operate	政府和社会资本	社会资本	社会资本	永久
	购买—建设—运营	BBO，Buy-Build-Operate	社会资本或政府和社会资本	社会资本	社会资本	永久

1.3.3 PPP 模式适用范围

财政部发布的《政府和社会资本合作模式操作指南（试行）》（财金〔2014〕113 号），给出了适合采用 PPP 模式的项目类型：投资规模较大、需求长期稳定、价格调整机制灵活、市场化程度较高的基础设施及公共服务类项目；国家发改委公布的《关于开展政府和社会资本合作的指导意见》（发改投资〔2014〕2724 号）指出：PPP 模式主要适用于政府负有提供责任又适宜市场化运作的公共服务、基础设施类项目，概括见表 1-7。

表 1-7 国家发改委关于 PPP 适用模式应用的行业领域

优势特点	一级行业领域	二级行业领域
政府负有提供责任、适宜市场化运作	市政设施	垃圾处理、污水、供热、供水、供电、燃气等
	交通设施	城市轨道交通、机场、铁路、公路交通等
	公共服务设施	健康养老、教育培训、旅游、医疗等
	水利	
	生态环境保护	

1.4 养老 PPP 模式可行性分析

1.4.1 养老 PPP 模式引入

老龄化社会的快速到来，催生了巨大的养老服务市场需求。随着政府不断推动养老事业的社会保障体系改革，大批的养老产业快速出现和发展，养老服务机构的数量也在不断增加；同时，养老事业的发展需要大量的资金投入，这给尚在发展中的养老产业提出了一大难题。我国政府为了解决养老问题，出台了一系列的养老服务政策，基本确立了“以居家养老为基础、社区养老为依托、机构养老为补充”的养老服务体系。由于国家的刚性财政支出在不断增加，能够投入到养老服务的财政支出有限，单独依靠政府提供资金来源难以持续支撑养老的大事业，更何况老年群体越来越需要的高质量养老服务，国家在养老机构的筹建上面临诸多压力，因此探索养老建设新模式是推动我国养老服务事业向前发展的重要举措。

目前，我国大多数家庭呈现“421”式的结构，使得家庭养老变得更加困难，我国养老模式从家庭养老逐渐向社会养老转变，而社区养老体系又不够健全，此时作为支撑和补充的机构养老变得尤为重要。对于广泛的中产阶级群体而言，机构养老有很大的市场需求潜力和消费能力；对于需要享受高品质养老服务的老年人群体来说，养老机构能够根据市场需求，提供高层次的养老服务需求，以满足不同需求的老人入住，可见机构养老在养老服务体系中承担着重要角色。但是，养老机构的建设过程中存在着筹融资困难、硬件条件不足等问题，尤其是民营的养老产业举步维艰。养老机构的建设是个长期过程，而且所需资金量较大，传统的筹融资方式难以支撑养老产业的发展，因此急需找寻一种新的资金模式和政策。

养老服务行业作为一种新兴的综合产业体系，其服务对象是特殊的老年群体且具有一定的公益性，其中的养老机构服务是一种特殊的公共产品，单纯依靠政府或市场化都无法完全满足老年群体的服务需求，且具有不可持续性。因此，在养老机构服务领域应该寻找一种政府与市场相结合且符合各方利益的建设与管理模式——PPP 模式。

PPP 模式最初起源于英国，于 20 世纪 80 年代中后期逐渐引入我国，在我国被广泛定义为政府和社会资本合作模式。PPP 模式具有伙伴关系、利益共享、风险共担的三大特征，是应用于公共服务、基础设施运作过程中的一种融资管理模式。自 2012 年起，我国政府开始将养老产业和 PPP 模式相结合，于 2017 年出台首个养老 PPP 专项政策——《关于运用政府和社会资本合作模式支持养老服务业发展的实施意见》，运用政府和社会资本合作模式，推进养老服务领域供给侧结构性改革，优化资源配置，提高养老服务供给的效率和能力，养老产业和 PPP 模式不断地相互融合，展现出越来越高的适配度。PPP 模式的引入，不仅引导民间资金流向公共物品的供给方面，缓解财政压力；而且提高了养老服务的供给质量与效率，推动养老机构的产业化发展。同时，PPP 模式具有促进投资主体的多元化、促进投资风险合理分配、促进政府转型等众多优势，对我国高质量养老服务体系的构建有着非常重要的意义。

基础设施领域经过多年实践，发展出 BOT、BOO、TOT 等几类成熟的 PPP 合作模式，其核心在于特许经营权的授予，即在约定期限、约定范围内具有一定垄断性质或者刚性需求的经营性权利，社会资本通过专业运营收回投资成本并获得合理回报。在养老公共服务产品领域，简单套用特许经营权的运作模式并不能完全适应养老 PPP 项目的运行特点：一方面养老 PPP 项目虽然具有一定的经营性，可以通过向使用者收取费用以及政府在财税等方面优惠政策支持来实现一定的经营性收入，但是项目的公共产品属性和公益性特点决定了其服务对象优先聚焦于需要政府福利保障的低收入或特殊困难老年人群，床位和服务则受到现阶段老年人支付能力和支付意愿的制约，产品定价和收入水平较低，项目自身运营收入很难覆盖投资成本，保障合理收益；另一方面与基础设施项目相比较，养老项目具有业态多样化的特点，国家政策从大类分为居家、社区和机构养老，社区养老可包括日间照料中心、托老所、老年活动站等，养老机构包括老人院、老年福利院、老年医院等分类，市场化细分又可分为活力、独立、协助、护理以及 CCRC 等产品和服务业态，不同业态在硬件设施、服务标准、护理级别、收费机制等方面差别很大，无法像高速公路、轨道交通、水电燃气供应等基础设施项目制定相对明确的价格标准和调价方式，政府和社会资本合作时在养老项目架构搭建、条件设计以及监管标准等方面难度较大。

1.4.2　养老 PPP 模式应用优势

1.4.2.1　国家相关政策支持

PPP 模式是公共服务基础设施建设中发展起来的一种优化的项目融资与实施模式，是一种以各参与方的“双赢”或“多赢”为合作理念的现代融资模式。我国制定了一系列政策措施来推进公共服务设施建设。国务院对引进社会力量进入公共服务领域作出了明确规定，《国务院办公厅关于政府向社会力量购买服务的指导意见》（国办发〔2013〕96 号）对进一步转变政府职能、改善公共服务作出重大部署，鼓励在公共服务领域引入社会力量，加大政府购买服务力度。政府向社会力量购买服务的内容为适合采取市场化方式提供、社会力量能够承担的公共服务，突出公共性和公益性。教育、就业、社保、医疗卫生、住房保障、文化、体育及残疾人服务等基本公共服务领域，要逐步加大政府向社会力量购买服务的力度。同时还提出，到 2020 年，在全国基本建立比较完善的政府向社会力量购买服务制度，形成与经济社会发展相适应、高效合理的公共服务资源配置体系和供给体系，公共服务水平和质量显著提高。2017 年 3 月又发布《关于进一步激发社会领域投资活力的意见》（国办发〔2017〕21 号），指出要“深化社会领域供给侧结构性改革，进一步激发医疗、养老、教育、文化、体育等社会领域投资活力，着力增加产品和服务供给，不断优化质量水平”“在政府切实履行好基本公共服务职责的同时，把非基本公共服务更多地交给市场”，并重点指出要“在社会需求大、供给不足、群众呼声高的医疗、养老领域尽快有突破，重点解决医师多点执业难、纳入医保定点难、养老机构融资难等问题”。

在养老领域，国家各部门多次出台优惠政策，加快发展养老服务业，同时鼓励社会力量加入养老行业来。例如，安排中央专项补助资金支持社会养老服务体系建设工作中，要将民间资本参与运营或管理的养老机构纳入资助范围。税收优惠政策，建设补贴或运营补贴，免征营业税，各级民政部门福利彩票公益金每年留存部分要按不低于50%的比例用于社会养老服务体系建设，并不断加大对民间资本提供养老服务的扶持力度。

1.4.2.2 养老设施的社会需求长期稳定

随着我国经济社会平稳较快发展，人民生活水平显著提升，健康与养老服务需求快速释放。健康养老事业经过多年发展，虽然具有一定基础，但总量普遍不足、布局与结构不合理，总体发展明显滞后。当前，我国已经进入人口老龄化快速发展阶段，发展养老服务业，加强社会养老服务体系建设，养老已成为我国今后发展面临的一个重要问题，面对老龄化社会，大力发展养老产业是必然。目前我国的养老服务市场体系很不完善，没有相应的激励与惩罚机制来规范养老机构的经营管理行为，导致服务质量很难保证。在服务价格方面，由于没有定价标准，随意定价、过高定价的现象频频出现，使得老年人的养老权益得不到充分的保障。

1.4.2.3 公共服务采用PPP模式具有经济可行性

根据财政部及国家发改委颁布的PPP项目的相关条例，开展PPP项目必须符合财政承受能力以及满足物有所值的要求。首先，由于政府财政资金有限，我国公共服务缺乏有力的财政支撑和保障，引入PPP模式能够拓宽公共服务设施融资渠道，减轻政府财政负担；其次，采用PPP模式建设公共服务设施能够提高资金的使用效率。由于私营企业是在市场优胜劣汰机制中筛选出来的具有一定竞争实力的优势企业，具有很高的财务管理水平和专业的财务管理团队，同时私营部门以追求利润为目标的特性，使得私营部门通过运用高效管理和先进技术来降低成本、缩短建设周期，这样在资金使用效率方面就有绝对优势。

但由于民政项目的公益性，例如养老服务项目是面向老人这一弱势群体收费，完全由投资人投资并通过提供养老服务收回投资，经济上可能并不可行，仍然需要政府采取某种形式的补贴。例如，以优惠价格提供场地或土地，在运营阶段按照床位给予补贴等。政府一旦为社会资本解决了资金消耗的大头所在，那么机构运营的压力势必也会大大降低，这也有利于提高社会资本参与养老PPP项目的积极性。

1.4.2.4 发达国家或地区有成熟经验可借鉴

经济发达国家，如英国、美国、澳大利亚、新加坡等，普遍建立了政府与市场深度合作机制，对PPP模式相关业务范围、资质资格、组织形式、实施程序及方式选择、收费标准均有明确规定。在公共设施和公用事业领域积极运用PPP模式，积累了丰富的实践经验。

以养老服务为例，新加坡政府采取高度关注态度，并大力推进与社会资本合作建设养老机构的项目，它的思路就是政府、社会、市场、个人四部门要有效分工，这样一来养老机构才能发展更好、运行更高效。同时专门制定了《养老院管理法案》来确保养老机构的管理有法可依，因此，基本建设标准和管理水平得到了法律的保障。另外，积极出台了支持养老机构发展的各种优惠政策，吸引社会资本投入。作为投资主体的新加坡政府承担了几乎所有的项目建设资金，还有津贴或者“双倍退税”程度不等的优惠政策来推动养老机构建设和运营，被政府认可的养老机构还可以向社会募捐。最后，新加坡政府还通过法律的形式加强养老机构发展和服务的监管力度，统一的申请制度和规范化的运转机制等全面规范了养老机构的运营；为了保障养老机构和其服务对象的合法权益，新加坡政府出台了《老人院法令》对养老机构和人员进行监管，明确了惩罚条例以监督养老机构及其工作人员的行为。

1.4.2.5 存在社会投资意愿

伴随多年改革开放的财富集聚及治理理念推广，市场领域的营利组织和社会领域的非营利组织在社会服务角色担当方面，逐步从自发走向自觉，无论服务供给、管理还是融资、运营，都汇聚成为一股重要力量，具备了与政府合作的可能。尤其当前我国出现了一些可能引发经济下行和风险增大的边际变化，实体经济及房地产、证券等投资领域营利空间有限、资金链断裂风险增大，社会资本开始倾向于康复养老等消费潜力总量巨大的新兴领域，现金流稳定、投资风险小的养老服务等项目成为长期投资者的偏好。对于社会资本来说，在非私有化的社会服务领域采用PPP操作模式，比其惯用的PE模式（Private Equity，私募股权投资模式）更加有效。

目前，在民政服务领域，国内也已经开始有社会资本和社会力量参与的案例。尤其是养老服务领域，已经开始尝试运用PPP模式。已有的大多数PPP模式的养老项目尚处于识别或准备阶段，按照PPP项目建设周期预测，从2018年开始，有一批养老PPP项目集中进入落地运营阶段，养老服务机构，特别是中大型养老机构供给迅速提升。

1.4.2.6 具备一定物质要件

随着大数据时代电商兴起、物联网服务的到来及生育率的降低、乡镇等行政区划合并与调整、新农村建设及土地平整流转，城乡实体店面和公共设施空置率将逐渐增高，城乡撤并学校、图书馆、培训中心、办公用房、老旧城区厂房等基础设施资源，以及民政等领域服务设施存量完全可进一步盘活，进而成为政府和社会资本合作进行融资、建设、租赁和经营的固定资产与土地来源。

由于公共服务类项目往往具备数量和质量标准较容易界定以及生产商在市场上相对充盈这两个特点，很多国家也明确规定此类公共服务必须要借助社会力量来生产。比如美国1955年就正式发布了一项政策规定：“如果某些产品或服务能够通过正常商业渠道从私人企业采购获得，联邦政府就不得开展或继续从事此类商业性服务”。目前美国各级政府的管理层都在广泛地运用合同外包，统计数据显示，美国最少存在200种公共服务是由私营部门提供的。英国也在1988年通过《地方政府法》规定生活垃圾收集、街道清洁等6项基本的市政服务必须通过竞争招标来安排。党的十八届三中全会也提出：“推广政府购买服务，凡属事务性管理服务，原则上都要引入竞争机制，通过合同、委托等方式向社会购买”。由此观之，事务类公共服务应该由政府与社会组织合作供给已经成为共识。

当前，在兼顾需求与可能的前提下，需进一步解放思想、创新思路，参考实体经济尤其基础设施和公用事业领域成熟做法，积极推广运用PPP模式，拉动和引导社会资本更好投向社会服务这一“蓝海”领域。大体来说，在公开透明、竞争选择基础上，政府可将一定期限内的土地及其地上附着物使用权、服务经营权及政府信誉担保为对价，选择具体适宜的合作方式，交由社会力量承担设计、建设、运营、维护社会服务设施的大部分工作，扩大社会融资和财政收益，避免初期一次性产权转让或后期高价位赎买；同时，政府以定价权、行政监管规制权及合同约束条款为依托，对社会资本兴办的服务设施与机构进行监管，兑现合同承诺，允许合理回报，防止不当得利，按期回购或回收产权并循环利用，维护社会服务业健康有序发展和公共资产保值增值。此外，竞争是PPP模式发挥作用的前提。之所以要用PPP模式取代政府独家供给公共服务的传统模式，最核心的原因就是借PPP模式将竞争机制引入到公共服务的供给之中。为了保证PPP项目符合物有所值原则，真正为公众提供物美价廉的公共产品和服务，需要建立覆盖项目全生命周期的监督和评审制度。

2 养老 PPP 项目发展前景

2.1 热点主题和前沿

CiteSpace 作为一款文献计量分析软件，可以从论文题目、关键词等提炼出名词性术语，通过绘制直观的知识图谱对这些名词性术语进行特征词共现分析，识别并展现所研究领域的热点关键词、研究进展和前沿方向。本书选取 CiteSpace 软件作为研究工具，通过绘制作者和机构共现、关键词聚类、热点词突现等知识图谱，对 PPP 养老模式研究中的热点主题与前沿进行可视化分析。

2.1.1 研究热点主题

研究热点能够反映该研究领域的重点内容和研究偏好，是在某一个时间段内，有内在联系的、数量相对较多的一组论文所探讨的研究问题或专题。文献计量分析通常使用关键词法、共现分析法、聚类图谱法等方法进行研究热点识别，关键词是一篇文章内容的高度凝练和核心概括，频次较高的关键词则被认为是研究热点。

运行 CiteSpace，设置时间跨度为“2014～2021”，时间切片为“1year”，节点类型为“Keyword”，对构建的网络利用 Pruning sliced networks 方法进行剪切，其他参数为默认设置，将词频高于 6 的关键词显示在图上，得到节点数为 296、连线数为 584、密度为 0.0134 的关键词共现网络知识图谱，如图 2-1 所示。为了更好地突出重点研究主题，图 2-1 中仅显示词频高于 6 的关键词，高频次的关键词通常可以反映这一领域的研究热点。

选取关键词共现图谱上共现频次前 20 的关键词，汇总后得到文献高频关键词表，由表 2-1 可知图谱中关键节点频次较高的词汇为“PPP”“养老机构”“养老服务”“医养结合”“养老地产”“养老产业”“老龄化”“养老项目”“社会资本”“风险分担”等，研究热点话题较为广泛。

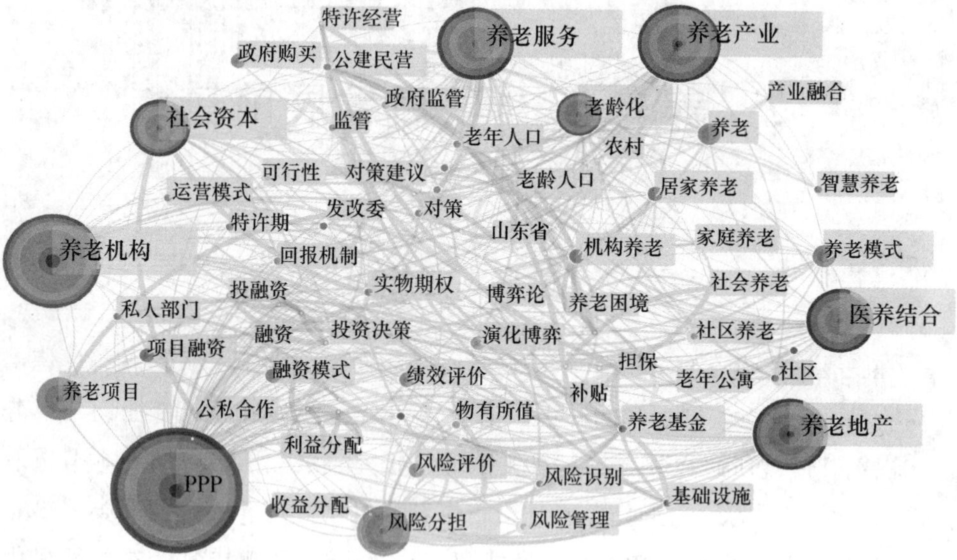

图 2-1 关键词共现网络知识图谱

表 2-1 文献高频关键词

排序	高频关键词	频次	中心性
1	PPP	160	0.63
2	养老机构	87	0.20
3	养老服务	77	0.29
4	医养结合	62	0.16
5	养老地产	56	0.11
6	养老产业	53	0.16
7	老龄化	33	0.10
8	养老项目	32	0.02
9	社会资本	32	0.11
10	风险分担	32	0.04
11	养老	16	0.03
12	融资模式	15	0.00
13	养老模式	14	0.03
14	风险管理	13	0.00
15	居家养老	13	0.04
16	机构养老	10	0.03
17	风险评价	10	0.03

续表 2-1

排序	高频关键词	频次	中心性
18	公建民营	10	0.04
19	收益分配	9	0.00
20	项目融资	8	0.01

对样本数据进行关键词聚类分析可得（见图 2-2），聚类模块值 Modularity $Q=0.5158>0.3$，说明聚类结构显著、网络社团结构合理；聚类平均轮廓值 Mean Silhouette $S=0.8393>0.7$，可以认为该聚类是令人信服的。最终呈现了类别中所含关键词最多的前 9 个聚类，分别是：PPP（0 号）、养老服务（1 号）、风险分担（2 号）、社会资本（3 号）、养老产业（4 号）、医养结合（5 号）、养老机构（6 号）、公建民营（7 号）与项目融资（8 号），这些聚类一定程度上反映出 2014 年以来我国 PPP 模式和养老服务相结合研究领域的热点问题现状。

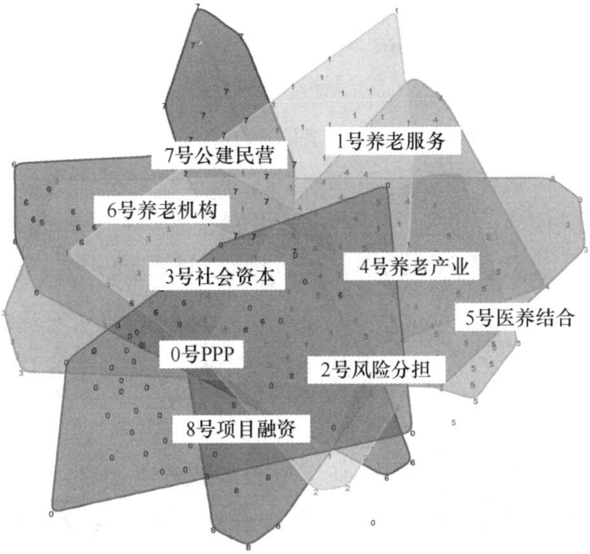

图 2-2 关键词聚类分析

在关键词聚类知识图谱的基础上，选择对数似然率算法（LLR）提取聚类标签词，选取排名前五的标签词进行统计，得到关键词共现网络聚类见表 2-2。

表 2-2 关键词共现网络聚类表

聚类号	聚类大小	标签词
0	43	PPP、养老项目、PPP 模式、养老模式、绩效评价
1	31	养老服务、PPP、养老保障、多元供给、监管

续表2-2

聚类号	聚类大小	标签词
2	28	风险分担、养老地产、风险管理、收益分配、博弈论
3	28	社会资本、社区养老、居家养老、投资决策、回报机制
4	27	养老产业、产业融合、健康型运动休闲小镇、体育产业、社区
5	26	医养结合、老龄化、养老、对策建议、公共服务
6	25	养老机构、风险评价、融资模式、运营模式、商业模式
7	19	公建民营、社会养老、养老困境、机构养老、家庭养老
8	14	项目融资、养老基金、社会资本、绿色发展（可持续发展）、特许经营

通过对9个聚类所含具体关键词进行分析，同时综合考虑共现网络图谱中的高频关键词以及聚类图谱的内容，发现各聚类之间存在研究主题相互交叉的现象，因此我国养老PPP的发展研究热点可总结为以下几个方面：

（1）PPP养老发展的研究。共现高频词为：PPP、养老。由关键词共现图谱和聚类图谱可以直观地看出，PPP作为排名第一的关键词，中心性达到了0.63，起着重要的枢纽作用，而且关键词出现在聚类中心，并表现出较高的向心性；养老作为多个关键词的共同内容，仍能单独作为一个较高频次的关键词，可见PPP养老发展领域中，养老和PPP二者相对独立的研究仍不在少数，PPP养老本身的特点研究也是该领域的研究热点之一。事实也是如此，自从政府给出PPP模式适用的行业要求以来，PPP模式和养老事业相互结合一直是养老行业的重要举措，作为一种融资手段，PPP模式在我国基础设施建设领域运作项目相对较多，而养老产业引入PPP模式，情况相对复杂，寻找合适的切入点则具有一定的困难，这就需要厘清PPP模式和养老行业自身的发展特征，不断探索二者结合的最佳状态。

（2）养老服务产业的研究。共现高频词为：养老服务、养老产业、养老项目。分析关键词共现图谱发现，养老服务和养老产业的共现频次分别为77、53，而且均作为聚类中心的关键词出现；养老项目具有较高的共现频次，同时也是关键词聚类的重点内容。关键词的特征可以说明，养老服务产业以及养老项目也是该领域研究的热点问题之一。养老服务业是横跨第一、二、三产业的特殊行业，其服务对象为老年群体，通过满足老年人生活起居基本需求及多样精神需求，并为其提供商品和服务的综合性产业。近年来，政府为应对日益突出的人口老龄化问题，大力推进养老服务业的发展，致力于构建高质量的养老服务体系，大量的需求使养老项目发展迅速，而养老项目具有形态多样、强调服务、市场发起、收费机制复杂、价格弹性大等复杂特点，促使众多学者对养老服务产业开展更多的探索研究。

（3）老龄化的研究。共现高频词为：老龄化。由关键词共现图谱可以发现，老龄化是文献高频次表中唯一的现象形关键词，频次为 33，中心性为 0.10，人口老龄化是我国当今社会的基本国情，而且我国老龄化程度在不断加剧，形势不容乐观。老龄化作为整个养老行业发展的事实背景，同 PPP 养老的结合与发展联系密切，甚至会影响养老行业的发展方向以及国家的相关政策。进入“十四五”时期，政府将积极应对人口老龄化上升为国家战略，加大对人口老龄化现象的研究，更精准地把握老龄人口的现实需求，对养老服务行业的发展具有重要意义，同时也对我国养老服务事业的推进起到十分积极的作用。

（4）养老模式的研究。共现高频词为：机构养老、居家养老、养老模式、医养结合。由关键词共现知识图谱和聚类所含标识词可知，几种养老模式的关键词多次共现，且作为聚类中心的关键词，说明养老模式的研究是该领域的又一热点问题。养老方式包括居家养老、社区养老和机构养老。居家养老是我国占主导地位的养老方式，医养结合是在政府统筹规划下，由受过专业训练的人员对半失能、失能等老年人提供医疗、康复、生活照料、心理疏导、临终关怀等为一体的服务，是未来养老服务设施的发展方向。我国“未富先老”问题突出，大部分老年人都患有慢性病，近年来对一些患有老年病患者的救治，以及半失能、失能老人的治疗和养护问题，均是社会关注的热点。养老方式的选择直接决定了老年人所受到的养老服务质量，传统的养老模式不适用于所有老年人，更加具有针对性、专业化的养老模式的需求在不断增长，因此对养老模式的深入研究是养老 PPP 领域的热点问题之一。其中，“医养结合”能够将医疗资源与养老相互结合，实现社会资源利用率的大幅提升，达到“1+1>2”的目的，近年来以“医养结合”为主题的研究更是不在少数。

（5）风险和收益的研究。共现高频词为：风险分担、风险管理、风险评价、收益分配。分析知识图谱可知，有关风险和收益的研究是学者们关注的重点问题之一。伙伴关系、利益共享和风险共担作为 PPP 管理模式的三个重要特征，不仅是 PPP 项目实施成功与否的关键因素，而且一直是 PPP 领域的研究重点，可以说只有处理好 PPP 模式中的政府和社会资本之间的关系，实现风险和收益的合理分配，PPP 项目才有可能成功。相关研究从风险识别、风险分担、风险管理以及风险评价等多个方面对养老 PPP 项目的风险进行研究，相关学者通过对项目风险进行分类，详细把握项目中可能存在的风险，并讨论风险分担机理以及影响因素，提出了更为合理的风险分配原则、构建风险分配框架；同时对 PPP 项目的利益分配进行相应的研究，除了对利益的影响因素进行讨论外，还提出利益分配应和承担的风险相匹配的原则。

（6）基础设施构建的研究。共现高频词为：养老机构、养老地产、公建民营。PPP 模式首先是在公共基础设施领域具有广泛的应用，将 PPP 模式与养老行业相结合的其中一个重点就是参与养老基础设施的构建。2019 年，国务院印发《关于推进养老服务发展的意见》，提出促进养老服务基础设施建设的具体要求，主要包括实施特困人员供养服务设施（敬老院）改造提升工程，实施民办养老机构消防安全达标工程，实施老年人居家适老化改造工程等三项工程的落实，鼓励积极发挥政府投资引导作用，充分调动社会资源，利用政府和社会资本合作、公建民营等方式，支持各项工程的进行。养老基础设施作为养老服务的载体，不仅是研究工作关注的重点，而且是 PPP 模式实践应用的重要领域。

（7）资本注入方式的研究。共现高频词为：社会资本、融资模式、项目融资。PPP 模式是一种融资手段，PPP 模式的应用给养老服务市场注入了新的资金活力，项目融资是 PPP 项目的一个重要特点，相关部门通过发布一系列支持文件，扩大政府和社会资本合作模式在养老产业领域的运用，在有效地缓解养老项目资金来源问题的同时，很大程度上提高了社会资源的利用水平。政府和社会资本合作具有多种运作模式，包括外包（O&M/MC）、特许经营（LOT/BOT/TOT/PPP/Concession）、社会资本私有化（BOO/BBO）三大类，其中在养老行业主要应用 BOT（建设—运营—转让）、BOOT（建设—拥有—运营—移交）、TOT（移交—运营—移交）、PPP（重构—运营—移交）、RC（区域特许经营）等五种融资模式，每种融资模式都有与其最佳适配的项目类型，融资模式的选择对于项目的顺利开展至关重要，因此对社会资本以及项目融资方式的研究是学者们持续关注的重点之一。

2.1.2 研究前沿与趋势

研究前沿的识别与追踪能够为研究者提供学科研究的最新演化动态，预测研究领域的发展趋势并识别需要进一步探索的问题。在 CiteSpace 软件中，研究前沿是正在兴起的理论趋势和涌现的新主题，利用软件的突现词探测功能可反映某一时期的研究前沿。

通过设定 CiteSpace 相关技术参数对关键词进行聚类分析，可以得到 PPP 养老领域研究关键词时间线图谱，如图 2-3 所示。

运行 CiteSpace 软件对样本数据进行运算，得到具有高突现值的 10 个节点突现词（见图 2-4），突现词是指某一个时间段内被引频次突然增多的关键词，能够反映该时间段内的研究趋势。结合关键词时线图进一步分析，探测 PPP 养老领域研究所关注的前沿问题及其演进趋势。

（1）早期研究前沿。早期研究前沿的突现时间为 2014～2016 年，该阶段 PPP 养老领域的研究前沿主要集中在“养老基金”和“基础设施”等方面，紧接着“项目融资”和“私人部门”于 2015 年起，开始成为早期另一研究前沿的方向，且持续到了 2017 年。2014 年 9 月，我国政府发布《关于加快推进健康与

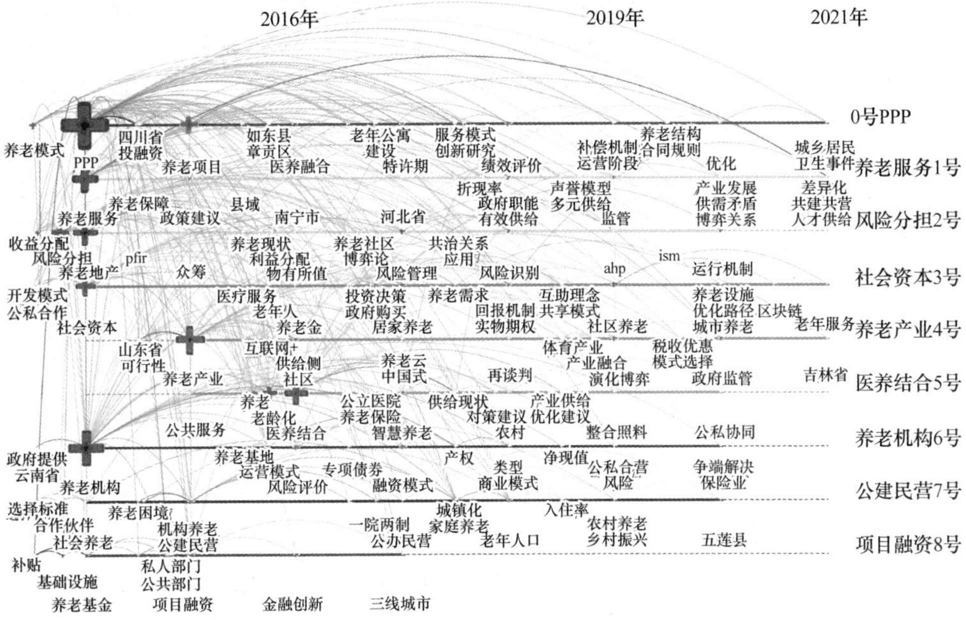

图 2-3　关键词时线图谱

关键词	年份	强度	开始	结束	2014~2021
养老基金	2014	2.51	2014	2016	
基础设施	2014	2.44	2014	2016	
项目融资	2014	2.87	2015	2017	
私人部门	2014	1.79	2015	2017	
居家养老	2014	1.69	2017	2018	
绩效评价	2014	1.79	2018	2019	
医养结合	2014	5.03	2019	2021	
社区养老	2014	2.47	2019	2021	
演化博弈	2014	2.28	2019	2021	
产业融合	2014	1.52	2019	2021	

图 2-4　关键词突现图

养老服务工程建设的通知》，鼓励社会资本采取政府和社会资本合作（PPP）等方式，参与医疗、养老、体育健身设施建设和公立机构改革；同年 12 月，国家发改委发布《关于开展政府和社会资本合作的指导意见》（发改投资〔2014〕2724 号），指出 PPP 模式主要适用于政府负有提供责任又适宜市场化运作的公共服务、基础设施类项目。由于政策导向，PPP 模式作为一种融资手段，引入养老项目的建设一个主要目的就是缓解政府财政压力、激发社会投资活力，结合社会资本建设养老基础设施，以期提供更全面的养老公共服务。因此早期阶段的研究前沿相应地多集中在养老基础设施建设以及项目融资方面，探索 PPP 模式和养老行业的融合路径，为后续 PPP 养老模式的发展奠定坚实的基础。

（2）中期研究前沿。中期研究前沿的突现时间为 2017~2018 年，该阶段 PPP 养老领域的研究前沿主要集中在“居家养老”和“绩效评价”等方面。居家养老是我国传统的养老方式，在养老模式中占据主要地位，随着经济社会的发展，我国养老方式应逐步从家庭养老向更加合理的养老模式转变，为寻求更适合我国老年群体现实情况的养老模式，各学者不断剖析居家养老模式，同时探索“社区养老”“机构养老”等多种养老模式的可行性。同时，该阶段正值“十三五”时期，政府鼓励全面放开养老服务市场、健全养老服务体系，这就要求准确把握养老体系运行的各个阶段，因此对养老 PPP 运营阶段的研究陆续出现。通过分析养老 PPP 项目的运行机制，进行项目绩效评价研究，进一步推进养老市场的开放发展。

（3）最新研究前沿。最新研究前沿的突现时间为 2019~2021 年，该阶段 PPP 养老领域的研究前沿主要集中在“医养结合”“社区养老”“演化博弈”以及“产业融合”等方面。PPP 养老模式发展至今，各个方面的研究在不断进行，PPP 模式和养老行业也在逐渐融合，全面放开的养老服务市场注入了多种全新的动力，因此对该领域的研究向着多元化、整体化发展。目前，PPP 养老体制发展相对完善，相关政策逐步健全，发展更为适宜的养老模式逐渐成为学者们关注的方向之一，“智慧养老”等新型养老模式不断展现其研究价值。新时期养老服务体系的发展更加注重多行业的融合，多个产业的引入能够优化养老体系内部结构，寻求各产业间的平衡点，在提供更高质量养老服务的同时联合创造更大的价值和利益。

2.2 养老 PPP 模式现状

2.2.1 PPP 模式现状

2.2.1.1 PPP 模式在我国的发展

PPP 模式在我国虽然起步较晚，但经过多年的实践和理论探索，PPP 模式逐渐和我国发展实际相融合，在我国的发展得到了逐步完善以及长足的进步，正逐渐成为我国最受欢迎的新型公共服务提供方式。我国对 PPP 模式的实践探索开始于 20 世纪 80 年代，到 2014 年政府逐步推出相关政策，PPP 模式在我国得到了初步的发展；2015~2016 年间，由于各方面的强有力推动，PPP 模式在全国范围内迅速推广并进入高速发展阶段，PPP 项目数量激增。据财政部统计，2014 年初至 2016 年 9 月末，按照要求审核纳入 PPP 综合信息平台项目库的项目达 10471 个，总投资额 12.46 万亿元。其中，执行阶段项目共 946 个，总投资额达

1.56 万亿元，涵盖了基础设施的各个领域。从 2017 年至今，PPP 模式的相关政策开始向紧缩调控、规范管理转变，我国 PPP 模式逐步进入更为理性的稳步发展阶段。

在 PPP 模式实践应用的同时，学者们也逐步推进对我国 PPP 模式的学术研究，主要集中在理论研究、案例研究两个方面。其中，对 PPP 模式的理论研究主要从发展趋势、风险利益分配和机制体系完善等角度进行全面分析。

伍迪、王守清（2014）打破“整理总结研究趋势从期刊入手”的常规思路，从中国特有的且有普遍认可度的国家自然科学基金入手，基于基金成立以来支持的 PPP 领域的研究项目，采用两阶段分析方法，总结 PPP 模式在中国的研究发展历程，并采用 P-P-P（Project-Partnership-Process）维度分类法将研究内容从三个维度进行了研究趋势的总结与分析，提出风险理论作为 PPP 研究理论工具越来越成熟，是 PPP 领域的研究热点，但风险问题并不是研究的终极目标，综合运用多个知识领域的工具对 PPP 模式进行包括效率问题、成功因素分析、优势与制约研究等的集成研究开始成为热点；在 PPP 模式理论与实践不断成熟的过程中，政府视角乃至综合项目所有利益相关者视角的研究将是一个趋势；项目决策的重要程度随着项目的推进而越来越低。陈琤、李丹（2017）基于 1980~2015 年间中央层面的 PPP 政策文本分析，探寻 PPP 模式的政策变迁和政策学习模式，研究发现：中国的 PPP 政策经历了政策间断松散期、政策低密集期和政策高密集期，体现出从“被动反应”到“积极推动”再到“全面主导”的政策变迁过程，我国的 PPP 政策学习呈现出“吸取教训”模式而非“社会学习”模式的特征，这因此降低了民间资本参与 PPP 模式的意愿与信心，部分导致了 PPP“政策热、实践冷”的现象。李启明等学者（2010）以 PPP 模式下政府、私营企业、公众三方满意为出发点，通过问卷调查寻求找出该总目标的 15 个关键项目目标。问卷调查表明，所识别的目标均是三方十分重视的项目目标，以此构建基于三方满意的关键项目目标体系，该体系以满意度作为量化的标尺，通过问卷调查获得关键项目目标对三方满意度的影响权重，最终实现了基于三方满意的项目目标体系的量化评价。同时，通过系统动力学研究了关键项目目标之间的联系，找到了 PPP 模式下三方利益平衡的内生反馈循环，即工程质量和公共服务质量的提高，一方面导致公众效用成本比增加，另一方面又会导致预算增加，公众效用成本比增加会使得客流量增加，从而增加私营企业的收入，但预算增加会导致政府补贴减少，从而减少私营企业收入，这样使该反馈机制始终是处在动态的平衡状态，在该平衡状态下三方的满意度是相等的。最后基于项目目标体系和目标反馈机制，设计了调价机制，以期为政府、私营企业、公众的利益分配实现“三赢”提供帮助。赖丹馨、费方域（2010）对 PPP 模式的效率进行全面考察，发现 PPP 模式能够将市场机制有效引入公共领域，并使得民营部门的管理及金融资源得到合理利用，但其中适当的合约及规制设计是PPP模式实现公共服务供给效率的关键，其重点在于收益和风险在公共和民营部门之间的适当配置。

2.2.1.2 PPP模式应用现状

随着PPP模式的研究深度逐渐加强，其应用范围也正在不断拓宽，PPP模式发展前景日趋广阔。我国PPP项目开展涉及能源、交通运输、水利建设、生态建设和环境保护、市政工程、城镇综合开发、农业、林业、科技、保障性安居工程、旅游、医疗卫生、养老、教育、文化、体育、社会保障、政府基础设施和其他等19个一级行业，其中主要集中在市政工程、交通运输、生态建设和环境保护、城镇综合开发、教育等基础设施和公共服务建设领域。至2021年11月，管理库内各行业累计项目数及投资额如图2-5和图2-6所示。其中，累计项目数前五位是市政工程4176个、交通运输1426个、生态建设和环境保护961个、城镇综合开发613个、教育508个，合计占管理库项目总数的75.3%；累计投资额前五位是交通运输56415亿元、市政工程45486亿元、城镇综合开发19424亿元、生态建设和环境保护10755亿元、水利建设3936亿元，合计占管理库总投资额的84.6%。

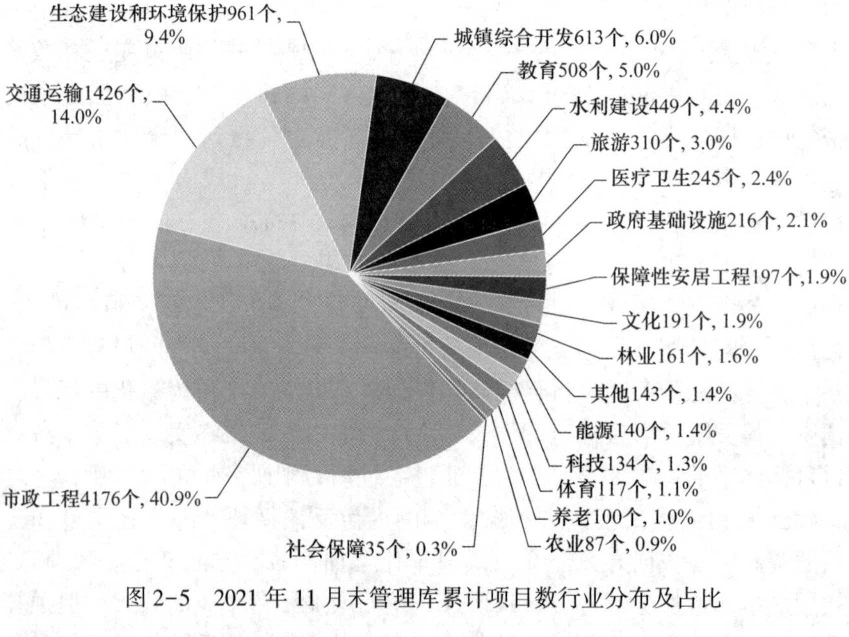

图2-5 2021年11月末管理库累计项目数行业分布及占比

同样，对PPP模式的研究也在不断向各个行业拓展，越来越多的行业开始显露与PPP模式的适配性。

在能源行业，杨钦元（2017）试图运用经济学理论，介绍能源产业资本结构的现状与问题以及PPP模式在现代能源市场体系中的特殊性，通过对比分析，

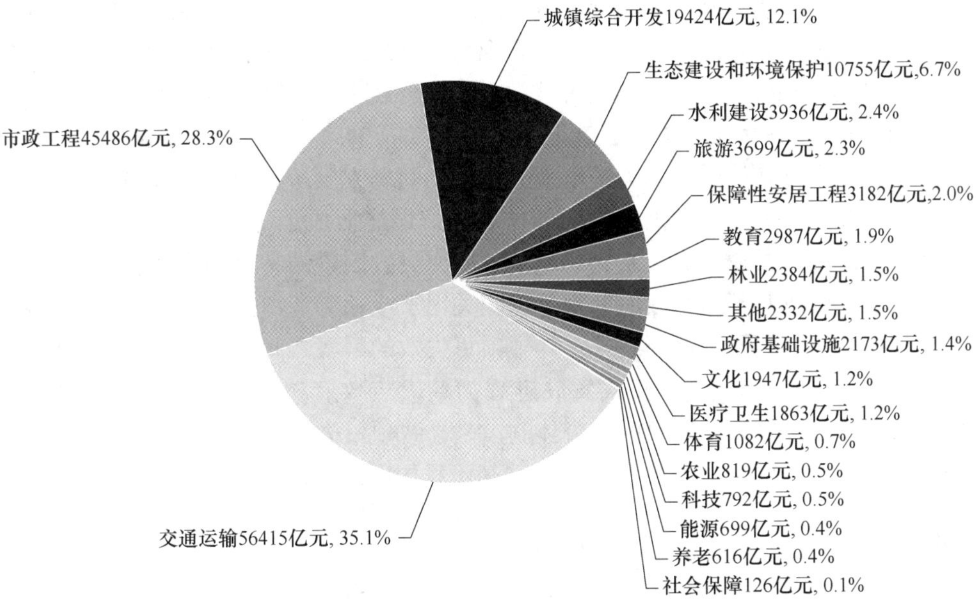

图 2-6　2021 年 11 月末管理库累计项目投资额行业分布及占比

注：数据截止日期为 2021 年 11 月

资料来源：财政部政府和社会资本合作中心

得出 PPP 模式特别适合我国现代能源市场体系构建的观点；讨论 PPP 模式在资本结构优化的制度选择问题，以及 PPP 模式在实现能源革命中的制度设计，从税收减免、融资协助和信用担保入手，总结并提出了三种政府政策性扶持制度，从建设期间补贴、建设后运营补贴以及资源、市场的补贴制度三方面，总结和讨论了政府政策性补偿制度。

在市政工程行业，吴芳亮（2010）通过分析 PPP 项目融资模式的特点，研究 PPP 模式在市政基础设施建设中可发挥的优势，并指出了 PPP 融资模式应用于市政工程应注意的六个问题，即注意建立相应的收益补偿机制、合理确定产品和服务价格、转变政府职能、完善法规政策环境、加快培养相关专业人才及培育专门机构以及注意开发适合 PPP 模式的金融工具。同时指出市政基础设施建设按市场化模式运作，既能有效减轻政府财政支出的压力，又可以提高基础设施投资与运营的效率，对于加快基础设施建设，打造宜居城市和优化城市管理有着十分重要的现实意义。

在交通运输行业，胡方俊（2014）结合相关发展政策，通过分析探讨 PPP 模式在交通运输行业的应用状况，指出推动 PPP 模式在交通运输行业发展的三个必要性，即可以拓宽融资渠道、有效解决当前及未来交通基础设施建设融资难问题；能有效防范和化解当前交通基础设施政府性债务风险；能在建设、维护和运营等方面提升管理效率和创新，即能够在同等定价下提供更多的基础设施服务。同时指出交通基础设施形态一般表现为三种形式：新建交通基础设施，需要改造和扩建的交通基础设施，已经建成的交通基础设施。周国光、江春霞（2015）基于多案例研究方法，选取了世界范围内 24 个失败的交通基础设施公私合作项目，通过确认项目的失败原因，按责任归属方及所属项目阶段对各原因进行排序，并寻找上述失败因素之间的关联性，最终形成了 10 条失败因素之间的关系链。通过对失败因素关系链的分析，研究失败因素的特点和规律。研究结果表明，项目失败并不是由政府公众部门相关因素或社会资本持有者相关因素直接导致，而是两者共同制约的结果，导致项目失败的因素之间并不互相独立，而是具备前后关联性。在 PPP 模式发展进程初期，与政府相关的因素是驱动因素，缺乏完善的法律框架和有效的监督体制，是导致项目失败的重要原因。

在医疗卫生行业，戴悦等（2015）基于我国医疗服务需求与供给现状，思考多元化办医的公共经济学问题，通过探讨 PPP 模式在国内外医疗服务领域的实践现状，总结与归纳 PPP 模式在我国医疗服务供给上的可行性及存在的风险，从而提出关于构建适合我国国情的由政府、公立医院和社会资本共同协作的创新性医疗服务供给模式。同时，医疗服务供给 PPP 模式要实现长远发展，客观上需要解决合作主体之间的合作成本、利益分配和风险分担等问题，并指出医疗服务供给的 PPP 模式将有助于从根本上解决我国医疗资源配置不合理、政府对公立医院投入严重不足和公立医院经营效率不高的问题。杨越涵等（2019）将 PPP 模式的政策发展分为三个阶段，分别对每个阶段的主要政策法规及其内容特别是与医疗卫生领域直接相关的政策进行梳理，发现现有政策存在政策冗杂、立法规范层次低、相互之间存在冲突、与其他法律规范缺乏有效衔接等问题，同时缺乏专门针对医疗卫生领域政府和社会资本合作项目的政策法规。建议加快立法进程，厘清政府和社会资本合作协议的法律性质及相关法律适用，同时出台专门针对医疗卫生领域的政策对政府和社会资本合作模式进行规范。

在养老服务行业，王经绫、华龙（2014）以实证为基础，估算了我国的养老机构供求差，并从理论上分析了政府提供养老机构建设的义务，并在此基础上，分析我国养老机构建设中的几个主要的现实问题，再结合 PPP 模式的特征与功能，总结后认为，PPP 模式是解决我国当前养老机构建设的有效方式，非常有必要将其引入养老机构的建设。张韬（2018）概括了采用 PPP 模式进行养老机构项目具有三大优势：一是解决了资金筹措、有效供给不足、运营管理低效率问题；二是实现了政府与市场、社会多个主体之间的良性互动与优势互补；三是优化了投资、运营和监管的各自角色分工。同时指出，PPP 模式运用在养老机构的项目上还存在投资周期长、资金体量大、周转率低、经济回报率低、运营管理成本居高不下的内在问题，以及不确定性风险因素增加、责任归属模糊的外来挑战。同时提出通过激励机制（Motivate Mechanism）和保健机制（Hygiene Mechanism）来加以优化养老机构的建设和运营的策略。其中，激励机制包括投资回报机制、目标导向机制、行为导向机制，保健机制包括利益平衡机制、评估考核机制和第三方监管机制。

2.2.2 养老行业的现状

以“养老”为主题搜索文献数据库，从发表年度趋势图中的发文数量上可以看出，学术界对养老服务行业的研究主要从 1994 年开始，2003 年研究文献数量激增，至 2018 年达到顶峰之后，热度开始有所下降，但仍处于较高关注阶段，养老行业呈现出这种研究趋势，主要与我国近年来的人口以及经济发展有关。随着我国社会经济的发展，我国具有人口老龄化基数大、家庭小型化的特征，这导致对社会养老服务的需求越来越大，由于养老行业横跨第一、二、三产业的特殊性，政府也将因此面临更大的压力。同时，伴随养老需求高涨展现的行业活力以及随之暴露出来的问题，也促使越来越多的学者进行养老服务相关方向的研究。

在养老模式研究方面，李士梅（2007）通过对主流养老、机构养老、旅游养老、迷你型家庭养老院模式的分析，揭示了当时中国养老模式的多维变化及未来养老方式的多元化发展趋势。穆光宗（2012）概括了现阶段我国机构养老的六大问题：机构养老供不应求但资源利用率不高；微利甚至负债导致养老机构自我发展能力不强；养、护、医、送四大功能分离；机构养老缺乏家居认同和亲情滋养；专业、负责的老年护工和管理人才短缺；农村养老机构的非规范发展。同时提出了化解机构养老困境的五大应对策略，即建立老年生命质量和生活品质并重的机构养老观；机构养老的专业化、标准化、规范化和职业化是发展的方向，重点要突出发展老年护理院；鼓励多元投资，扩大机构养老规模，发展旗舰企业，延长养老产业链；政府和机构要共同探索双红利导向型的社会企业发展模式；养老的机构支持、家庭支持和社会支持要“三结合”，机构养老的亲情化、福利化、专业化和社会化是“品质养老”的可靠保障。包世荣（2018）认为养老虽为夕阳产业，但在中国却是新兴产业，正处于摸索中发展的阶段，并通过介绍四种国外的医养发展模式，对率先发展医养结合养老产业的发达国家进行梳理和分析，以期对中国的医养结合养老发展有所借鉴。谭有模（2021）提出养老积分这个虚拟资本，构建积分养老服务模式的框架，分析其实现机制，提出推行积分养老服务模式的几个核心问题：安全问题、质量问题、量化问题和存取问题，力求解决当前养老服务供给不足的问题，满足老年人对于养老服务的多元化和多层次的需求，也是对现有养老服务模式的有效补充。杨博维、薛晓（2013）在对养老产业的发展进行分析后指出：我国庞大的人口规模、人口老龄化进程的加快、老龄保障制度的缺陷、独生子女政策、房地产业亟待转型以及我国姑息医学的探索，是我国养老产业发展的内在动因。要促进我国养老产业稳健发展，必须要采取一系列卓有成效的对策与举措，特别是政策支持体系的构建、养老保障制度的完善、民间资本的积极参与、医疗制度的改革创新以及全社会养老观念的转变等。徐丹（2013）总结分析了我国老龄化社会对养老金融的特殊需求及当前商业银行养老金融业务发展情况。在分析的基础上，针对商业银行构建系统化养老金融产品服务体系，从组织管理架构、多层次产品服务以及前瞻性产品创新等方面提出建议。张郧、吴振华（2015）在产业链的视角下，指出我国的养老产业链仍处于形成和廓清阶段，存在各环节协作不紧密、产业链带动效应不明显、资源优化配置水平不高、人才技术资金缺乏等诸多问题；并通过理顺养老产业链结构，提出通过加大政策扶持力度、整合养老产业资源、完善管理服务水平、明确环节分工、加快产业升级等方式，提高养老产业链整体竞争力，进而推动养老产业健康快速发展。刘禹君（2017）针对我国人口老龄化程度严重、政府重视养老产业的发展现状，探讨我国老龄产业的市场化潜力，并从宏观的市场化政策研究与具体的市场化策略两个维度对我国老龄产业市场化潜力进行研究，既能在一定程度上增强相关研究的理论基础，又能为当前老龄产业转型及政府的政策制定提供有益的指导。

2.2.3 PPP养老模式现状

养老行业是由人口老龄化的消费需求推动形成的基于第一、二、三产业分类从而细化延伸的新兴产业，我国养老服务体系具有一定的公益性质，其中养老服务产业投资的长期性、稳定性和高安全性这三大特点与PPP模式所具有的特点不谋而合。养老行业中的养老机构服务作为一种特殊的准公共产品，单纯依靠政府或市场化都无法完全满足老年群体的服务需求，且具有不可持续性。因此，在养老机构服务领域应该寻找一种政府与市场相结合且符合各方利益的建设与管理模式——PPP模式。

结合《政府和社会资本合作模式操作指南（试行）》（财金〔2014〕113号）、《关于开展政府和社会资本合作的指导意见》（发改投资〔2014〕2724号）文件对PPP模式适用项目范围的定义，可知健康养老、医疗等公共服务均包含其中，且我国首个养老PPP专项政策《关于运用政府和社会资本合作模式支持养老服务业发展的实施意见》（财金〔2017〕86号）提出，鼓励运用政府和社会资本合作模式，推进养老服务领域供给侧结构性改革，优化资源配置，提高养老服务供给的效率和能力，推动养老服务事业发展。由此可见，目前落地项目数以及项目投资额占比较小的养老行业具有非常大的发展潜力，需要不断地深入探索。胡桂祥、王倩（2012）基于我国进入老龄化社会的现实与机构养老的现存问题，对 PPP 模式应用于养老机构建设的必要性与应用条件进行了内部与外部条件理论与实际的分析：从公共物品理论和项目区分理论进行 PPP 模式应用于养老机构建设的内部条件分析；从民间资本的大量闲置及进入养老机构建设领域的可能性、养老机构建设领域应用 PPP 模式的政策法律环境以及公私合作经验的积累三个方面，对 PPP 模式应用于养老机构建设的外部条件进行分析。通过分析论证，认为将 PPP 模式应用于养老机构建设既是十分必要的，也是具备初步应用条件的；并提出在论证 PPP 模式应用于养老机构建设必要性与可行性的基础上，PPP 模式下养老机构建设的组织架构与运行机制、项目合同、产品/服务定价、产权分配、利益共享以及风险分担等关键与核心问题有待于进一步研究解决，将 PPP 模式应用于养老机构建设具有广阔的发展空间。徐宏、岳乾月（2018）基于实地调研，对其养老服务 PPP 项目探索实践阶段存在的主要问题进行了探讨分析，发现主要问题有：（1）法律保障有待完善，契约精神薄弱；（2）大多采用新建，整合现有养老资源力度不够；（3）风险犹存，社会资本积极性尚不高；（4）大多走中高端路线，低收入群体难以负担；（5）关键性衡量指标缺乏，监管难度大。同时指出，需要从完善法律法规和信用约束机制建设、整合资源优化 PPP 发展模式、科学合理搭建利益共享和分配机制、宏观统筹发展格局、构建标准质量评估体系方面提出优化路径，助推养老服务业 PPP 模式实现持续健康发展。桂雄（2016）指出 PPP 模式和养老服务二者的结合应用，首先需要构建起相对完备的组织机制和制度体系，为养老服务业 PPP 项目的良性发展奠定基础；我国养老服务业公私合作机制的法律制度应遵循优先保障公共安全和公共利益、平等合作、完善养老服务 PPP 领域的法律体系等三个准则；并指出养老服务项目在进行 PPP 模式适用性的定性分析时，应主要考虑四个方面问题，即项目本身的适用性问题、社会资本方的能力、保障性的制度体系以及利益相关者的支持程度。王培培、李文（2016）将社会养老服务体系建设和 PPP 模式相结合，重新构建我国社会养老服务体系。根据地区特征、组织结构、经济发展水平等情况，灵活运用服务外包、TOT、BOT、特许经营等更加具体而深入的 PPP 模式，以主体合作模式为标准，将 PPP 模式应用于社会养老服务体系建设的具体模式划分为合作共建模式、特定项目合作、统一完善合作模式、服务外包四种；提出我国社会养老服务体系的重构与完善离不开 PPP 模式的合理应用，PPP 模式能够凝聚社会各界力量，形成公私部门多方合作，通过缔结契约，实现多方推动、共同发展和互利共赢的局面。

通过相关文献整理可以得知，2014 年以来，随着 PPP 政策密集出台，PPP 模式大量应用于实践项目，同时吸引了众多学者进行包括风险利益分配、发展趋势、机制体系结构等各个方面的研究，PPP 模式应用的问题和不足也由此显露出来，PPP 模式本身也在研究和实践中逐步地完善。目前，我国 PPP 模式进入稳步发展阶段，PPP 模式已经形成了一套较为完整的机制体系，但仍需不断地进行完善，以期更好地融合我国的发展实践及更加适用于相关项目的进行。PPP 模式作为公共基础设施中的一种项目运作模式，是以市场竞争的方式提供服务，主要集中在公共领域。经过政府的大力推广，PPP 模式已经广泛应用于基础设施和公共服务的各个领域，其中 PPP 模式在养老领域的应用具有广阔的前景。

2.2.4 PPP 模式风险管理现状

王雪青等（2007）在分析 PPP 融资模式结构的基础上，详细介绍了 PPP 项目包含的三类风险：宏观水平风险、中观水平风险和微观水平风险，并对风险分担机理进行了讨论，提出风险分担机理的选用直接关系到 PPP 融资模式谈判的成败以及项目融资的运作效率。重点采用博弈论的方法，在使项目各参与方对风险分配方案的整体满意度达到最大的条件下，对 PPP 项目参与双方（公共部门和私营企业）进行博弈分析，充分利用 PPP 项目参与双方的长处，将未能根除的风险分配给最适合承担它的一方，为今后我国基础设施领域选用 PPP 融资模式的合同谈判提供了一个有益的参考。刘新平、王守清（2006）分析了影响 PPP 项目风险分配的因素，总结为四个方面：PPP 项目本身具有投资大、时间长、合同关系复杂等特点，使社会资本和公共部门对风险均持非常谨慎的态度；双方对 PPP 项目融资模式风险分担的理解存在误区，导致双方在分配项目风险时不能持有合理和公平的心态；双方承担风险的意愿受多方因素影响；缺乏标准的程序和合同文件，使双方在谈判时无章可循。同时提出了更为合理的风险分配原则，即由对风险最有控制力的一方控制相应的风险、承担的风险程度与所得回报相匹配、承担的风险要有上限等三条主要原则，并设计了相应的风险分配框架，对指导公共部门和社会资本谈判 PPP 项目具有实际指导作用。胡丽等（2011）鉴于公私双方利益冲突，在秉承 PPP 项目利益分配基本原则的基础上，综合考虑了影响 PPP 项目利益分配的四个关键性因素：投资比重、风险分摊系数、合同执行度和贡献度，建立了基于 SHAPELY 修正的 PPP 项目利益分配模型，以协调各方利益分配，从而实现各利益相关者的平衡治理。毛君豪（2019）结合 PPP 政策和 PPP 项目实际操作经验，分析 PPP 项目风险分配现有三大问题，即风险承担主体不明、风险分配不合理却不能及时调整、新的风险出现不能有效分配；并在完善风险承担主体、风险分配相关原则、提出风险分配机制的初步方案的基础上，优化了 PPP 项目风险分配基本框架。

据第七次全国人口普查数据显示，我国人口老龄化程度进一步加深且速度加快，养老服务需求随之急剧增加，养老问题日益严峻。然而，我国养老服务行业发展仍十分缓慢，公共养老资源严重短缺，尤其在财政资金投入和基础设施建设上远无法满足社会养老需求。PPP 模式的引入则很好地缓解了养老资源紧张、减轻财政负担、提升机构专业化程度以及运行效率。社会资本通过 PPP 模式参与养老服务供给的优点日益显现，PPP 养老模式因此得到了大力推广。PPP 养老模式应用不断加深的同时，学界对 PPP 模式和养老领域的研究也在不断拓展。本书从多个方面对 PPP 在养老服务基础设施建设应用进行研究论述，以期进一步丰富 PPP 模式在养老服务领域中应用的理论研究，探索养老服务业运用 PPP 模式的成熟路径，从而提升养老服务水平，对助推我国老龄化事业发展具有积极的意义。

2.3 PPP 模式在养老产业运用的特点及存在的问题

2.3.1 养老 PPP 项目的特点

养老 PPP 项目是指由社会资本方获得政府建设项目一定特许期内的运营管理权，提供医疗、餐饮、保健、文体娱乐等类型养老服务，取得相应利润，期满后归还给政府的养老机构项目。养老 PPP 模式中，政府能够减少对项目的投资，社会资本运营方可以通过提供养老服务盈利，是一种政企共赢的投资模式。养老 PPP 项目的特点主要有：

（1）提升建设的供给质量和效应。养老项目采用 PPP 模式，可以使社会资本参与到整个项目的规划、融资、建设、管理全过程，也可以大大提高其项目的建设和运营效率，降低投资风险。政府和社会资本以特许经营协议为基础，进行全面合作，并对项目合作的全周期负责。PPP 模式的应用，使得社会资本的投资风险降低，并且还可以吸引社会资本的科学管理方法和先进技术到项目中来，并对项目建设和运营进行有效的监控，较好保证政府与社会资本两方的利益。这一系列的有利结合，对于缩短养老项目的建设周期，降低项目的建设和运营成本，甚至避免项目的资源浪费，都有一定的积极意义。

（2）重视软性服务质量。由于养老 PPP 项目的建设期较短，因此对项目整体的经营管理水平要求较高，养老行业作为服务业的代表，经营的重点是软性服务。例如，在生活照料、精神慰藉和心理沟通等方面，能否为老年人提供全面温馨的养老服务。各类服务的质量决定了老年人对项目的接纳程度，也就决定了养老机构的效益。

（3）对养老服务专业人才要求高。养老 PPP 项目相较于普通项目来说，对服务能力的要求更高，因此，养老服务人员的专业素质决定了运营服务质量。随着养老服务行业的发展，养老 PPP 项目对服务人才的配置相应地也提出更高的要求，运营企业有责任选用专业人才，提升服务人员的专业技能和素质。

（4）运营期风险较高。养老行业受众群体具有特殊性，老年人的身体和心理状况具有不稳定性，运营阶段发生安全隐患或纠纷的概率较高，增加了养老

PPP 项目运营期的风险。同时，随着社会养老照料水平的提高，老年人在精神文化上的需求也越来越强烈，如果项目运营中不能满足受众需求，也会导致项目运营困难，造成项目失败。

(5) 政府监管难度较大。公共基础设施类的 PPP 项目因为产品单一、服务固定，可以通过固定契约和标准来进行监管。但养老 PPP 项目提供的服务种类繁多，且难以量化，对于不同自理能力的老年人，服务具有特殊性和针对性，因此缺少统一规范判断养老服务是否达标。同时政府作为养老 PPP 项目的发起人，社会资本方的运营情况直接影响政府声誉，也为政府监管提出了更高的要求。

(6) 具备医养结合的能力。医养结合是一种新型养老模式，国务院提出的关于加快养老业发展的意见也将医养结合确定为养老服务业的主要改革方向。因此，发展养老 PPP 项目需要结合新思想新政策，适应社会发展需求，积极推进医养结合模式，打造新型养老机构。

2.3.2 PPP 模式在养老产业运用的问题

(1) 关键性衡量指标缺乏，监管难度大。养老项目主要以软性服务为主，硬性的衡量指标缺乏，特别在养老服务提供过程中的监管，有些无能为力。一般基础设施项目，对于项目设施的建设和运营都可以依据行业通用的衡量标准，制定一套硬性指标，如污水厂的排污能力、日处理量的标准、高速公路的运输能力、汽车流量等，这不仅有利于政府对项目运作的监管，也有利于对项目运营的绩效监测。而养老项目则不尽然，主要是依据老人的个体健康状况，进行一定标准的衡量和制定相关的服务准则。但现状是，养老服务提供的标准衡量，偏向于硬件设施，而软件配套设施特别是服务本身，往往也有过于复杂而多有忽略。这也导致政府在日后对养老 PPP 项目的监管过程中，很难建立起一套完善的评价体系和规范标准，来保障养老服务提供的质量，也对 PPP 模式在养老项目中的运用造成一定障碍。

(2) 项目发起和收费机制不同，加大推进难度。正常情况下，城市的规划过程，道路、桥梁、水厂、垃圾处理厂等基础设施的投资、区位、标准和数量及建设时间等条件，都会依据该城市的经济、人口、地理条件和公众需求确定，政府也可综合这些情况来发起 PPP 项目。而对于养老 PPP 项目来说，各个城市随着城镇化发展、人口流动和旧城改造等，城市格局和人口居住不断变化，该过程中会自然产生需求和需求的变化，而这些需求和变化只集中在一部分老年人身上，就显得微不足道，往往政府应对这些方面的变化也会缺乏相应措施。因此，当前养老 PPP 项目，也通常是由社会投资人根据市场需求而发起，政府通常采取后置审批的管理方式。也正是由于这样政府很难像其他的基础设施情况一样，对养老项目进行一个全面而透彻的分析了解和规划，因此政府在养老 PPP 项目的推进上，自然显得相对谨慎。

（3）养老项目收费机制比较复杂，价格弹性大。很多的基础设施项目，如污水厂、公路收费、水厂等，通常会有一个明确的价格标准和弹性价格机制；而养老项目则截然不同，在一个养老机构中，收费的调整力度，会随着服务类型和等级不同，同时又可以采取月付制、年费制或会员制等不同的收费方式运作。这些不同的收费标准和方式，极大地影响了社会资本的投资回报预期和周期，从而进一步影响投资人的投资意愿。因此，很多的养老服务项目在设计初期就需要设计不同的收费标准和收费方式，及其可能带来的影响，这也无形中加大了养老产业的 PPP 项目在融资结构设计和项目落地的难度。

3 基于 SWOT-AHP 的养老 PPP 项目发展因素分析及决策

3.1 PPP 模式应用于养老机构的 SWOT 分析

我国养老机构的整体建设步伐落后于需求增长，寻求社会资本支持，减轻政府负担是弥补现有缺口的重要措施。基于我国当前养老现状，运用 SWOT 分析法对 PPP 模式应用于我国养老机构建设运营的影响因素进行分析，并采用 AHP 方法对所得因素进行定性与定量分析，基于分析得到的重要影响因素分别针对政府方与社会资本方提出发展策略。

SWOT 分析法是哈佛大学商学院的安德鲁森提出的，该模型是通过对企业内部优势（Strength）、内部劣势（Weakness）、外部机遇（Opportunity）和外部威胁（Threats）进行分析，构建矩阵模型，将各个影响因素组合研究，并以此作为决策判断依据的方法。

如今，该方法被大量学者应用到行业市场战略分析中。结合我国养老市场实情，在该分析中：内部优势是行业内在发展动力，包括政府保障措施、行业已有先进管理理念、社会对行业刚性需求等；内部劣势是阻碍行业生存的自身缺陷，包括行业参与方的利益冲突、行业自身局限性等；外部机遇主要考虑行业所处大环境，包括国内外产业局势、国内行业发展成熟度、国内供需情况、国家政策法规等；外部威胁主要是分析外部大环境对本行业的冲击，包括替代品行业冲击、国家相关政策限制等。

3.1.1 内部优势

（1）合作、分工创造双赢局面。PPP 模式与养老服务产业的对接可以充分缓解政府管理压力，利用社会资本能更好地完成公共服务基础设施建设。PPP 模式下的养老机构，日常运营由社会资本方负责，政府方拥有机构业务监督权，运营权与监督权的分开能使两方有效发挥职能，新型运作模式实现了我国各级政府的职能转变，摆脱了政府之前既作“裁判员”又作“运动员”的情形。另外，社会资本方在我国养老机构市场普遍占有较大份额，机构的运营管理体系化、专业化，能有效提高养老机构的运营效率。

（2）较为完善的政府保障机制。为推动我国 PPP 模式养老机构发展，我国政府采取了一系列保障措施：2017 年，我国颁布《关于全面放开养老服务市场进一步促进养老服务业发展的实施意见》，为信誉良好的社会资本方提供优先办理、简化程序等支持激励政策。就具体项目而言，“北京恭和养老公寓”作为北京第一个落地 PPP 养老机构，市政府通过补贴经费、基本管理费+绩效奖励等显性保障措施实现对社会投资人的投资回报，通过税收优惠等隐性政策，弥补社会资本方前期损失。

（3）差异化服务符合社会需求。社会对养老服务的需求从简单的基本服务开始转向提供差异化的服务。十九大报告指出：我国社会主要矛盾已经转化为人民日益增长的美好生活需要和不平衡不充分的发展之间的矛盾。社会资本的引入，为公办养老机构注入新鲜活力，全国各地出现“医养结合”等融合多种服务的创新型养老机构，获得社会的普遍好评，符合当下老年人对身心健康、精神文化等差异化服务的追求，政府方、社会资本方、消费者均从中受益。

3.1.2 内部劣势

（1）政府与社会资本出发点不同。政府旨在强化公私合作养老机构的公益性质，保证其始终以公益为发展目标，与社会资本方进入养老机构以期获得利益的出发点不同。养老服务属于公益性服务，我国政府就养老行业编写政策、改进服务、制定计划时，出发点是服务老年群体。社会资本进入 PPP 模式养老机构中的动机是追逐利润，提高社会影响力。社会资本在进入养老行业后的经营行为会始终围绕“如何盈利”展开。二者出发点的不同会导致在项目进行过程中产生意见分歧，导致项目运营效果与预期产生偏离。

（2）养老机构运营风险。PPP 模式下的养老机构运营由社会资本方进行，因此，项目的相应运营风险也由社会资本的运营管理团队承担。冯雪东等对 PPP 模式下养老机构的运营管理风险、运营管理超支风险、运营价格风险方面进行论述，总结出在项目运行前应全面了解养老市场、充分考虑市场需求、时刻关注政策动态等政策建议。在项目谈判初期，养老机构市场价格已经确定，随着社会物价的上涨，运营成本不断增加，迫使机构服务价格上升。然而，前期签订的协议阻碍价格变动，对 PPP 模式养老机构的运营产生阻碍。

（3）长期亏损带来负面影响。基于我国 PPP 模式养老机构资金投入大且回收期长的特点，我国主管部门为社会资本方提供资金补贴，吸引社会资本方参与该类项目。但研究后发现，这些补贴只是最低收益水平，机构日常的员工福利、保险费用、薪酬需要从私营企业中划拨。在 PPP 项目初期，机构会一直处于较低的收入水平，项目长期处于亏损阶段，项目失败的可能性增大。

3.1.3 外部机遇

（1）我国政策支持。为鼓励我国养老机构采用 PPP 模式建设运营，我国政府颁布了一系列政策以重视与支持PPP模式养老机构的发展。政府根据《中华人民共和国老年人权益保障法》《中华人民共和国国民经济和社会发展第十四个五年规划和2035年远景目标纲要》和《国家积极应对人口老龄化中长期规划》，制定了《“十四五”国家老龄事业发展和养老服务体系规划》；该规划指出，进一步完善《中华人民共和国老年人权益保障法》，加强养老服务保障、优化居家社区机构养老服务网络、壮大养老服务产业、加强养老服务人才队伍建设、提升综合监管水平等具体要求，推动养老机构和行业组织实施标准化管理。近年来，我国政府逐步完善养老服务管理法制体系，相继发布一系列政策文件，为新时期建设更高质量的养老服务体系提供强有力的政策支持。

(2) 市场前景广阔。人口老龄化的加剧造就庞大老年消费群体，激发社会对市场化养老服务业发展的强烈需求，为养老服务业发展创造有利条件。目前上万张养老床位的缺口使我国养老机构一床难求的状况时有发生，市场需求潜力大是我国养老机构应用PPP模式的外在动力。近年来，机构养老也逐渐被更多人认可，养老服务发展步伐不断加快，据我国政府公开数据显示，“十三五”期间，全国各类养老服务机构（包括养老机构、社区养老服务机构）和设施从11.6万个增加到32.9万个，床位数从672.7万张增加到821万张，养老行业发展前景广阔。

(3) 行业先进经验支持。近年来，国内有大量养老机构应用PPP模式建设、运营。据财政部政府和社会资本合作中心数据显示：截至2020年12月，养老PPP项目库内现有107个项目，投资额共计620.4642亿元，占全部在库PPP项目数量和投资额比重分别为10.7‰和4‰。其中，处于项目准备阶段的有15个、处于项目采购阶段的有26个、处于项目执行阶段的有66个，投资额合计393亿元，项目落地率达到63%。结合这些案例，分析我国经济发展水平、市场缺口、社会文化背景，将现有经验辩证地应用到新建项目，增大PPP模式应用于我国养老机构的成功率。

3.1.4 外部威胁分析

(1) 缺乏完善的法律环境。我国政府关于该方面的法律法规较少，大多数政策文件只是激励社会资本方进入我国养老市场，缺乏专门指导我国养老机构发展的法规条例，没有对养老行业的行业标准、规章制度做出法律层面的约束。我国各级政府对养老机构的日常操作没有统一的标准衡量，会导致PPP模式养老机构服务质量的下降，阻碍我国养老机构应用PPP模式建设运营。

(2) 缺乏完善的第三方评估机制。如今，第三方评估主体独立性不足，评估的公平性、透明性大打折扣。目前，我国公共服务基础设施第三方评估理论主要借鉴国外经济、效率、效果的“3E”理论，但缺乏具体指标的操作规范。在养老市场快速转型期，社会资本方的加入使第三方评估的重要性加强，然而第三方评估暴露出来的一系列问题，在实际操作中会不断被放大，影响政府在消费者心中的形象，阻碍我国养老机构应用 PPP 模式建设运营。

(3) 社区养老、居家养老的冲击。国务院办公厅颁布《关于全面放开养老服务市场提升养老服务质量的若干意见》指出：在养老服务设施建设中，要向居家养老、社区养老倾斜。政策支持下，越来越多的社区养老、居家养老等服务模式出现，对机构养老产生冲击。这使 PPP 模式下的我国养老机构入住率不高、市场价格达不到预期、资金回收期拉长等缺点进一步放大，影响我国 PPP 模式养老机构发展。

在对我国养老行业进行 SWOT 分析时，使用的分析方法与最初 SWOT（针对企业）的分析方法相比，没有本质上的改进，导致分析结果不能全面把握环境影响因素，忽略了行业全局性及行业内部的联系与排异。这样，导致最终的结论可操作性降低，因此引入可以将问题定量化、研究问题更加系统化的 AHP（层次分析法）来改善分析结论的可操作性。

3.2 基于 AHP 的我国养老机构 PPP 模式应用评价

3.2.1 层次分析法的基本概念

层次分析法由美国著名运筹学家萨蒂率先提出，该方法主要原理是将要解决问题的相关影响因素分解成目标、准则、方案等层次，构建多层次分析模型，通过专家打分法进行权重配比，进而建立数学模型，计算每一层全部因素的相对权值，并加以排序；最后根据排序结果选择解决问题的措施。

3.2.2 我国养老机构 PPP 模式应用评价步骤

3.2.2.1 构造层次分析结构

在我国养老机构应用 PPP 模式建设运营战略选择过程中，建立层次结构是重要环节。以北京市为例，基于我国养老机构应用 PPP 模式建设运营的 SWOT 分析结果，构建层次结构示意图，如图 3-1 所示。

3.2.2.2 构造判断矩阵

(1) 权重标度及其含义。本书采用 1~9 标度方法，其中，$C_{ij}=\{2, 4, 6, 8, 1/2, 1/4, 1/6, 1/8\}$ 表示重要性介于 $C_{ij}=\{1, 3, 5, 7, 9, 1/3, 1/5, 1/7, 1/9\}$。

(2) 建立判断矩阵。下列计算过程以判断矩阵的目标层和准则层为例，见表 3-1。

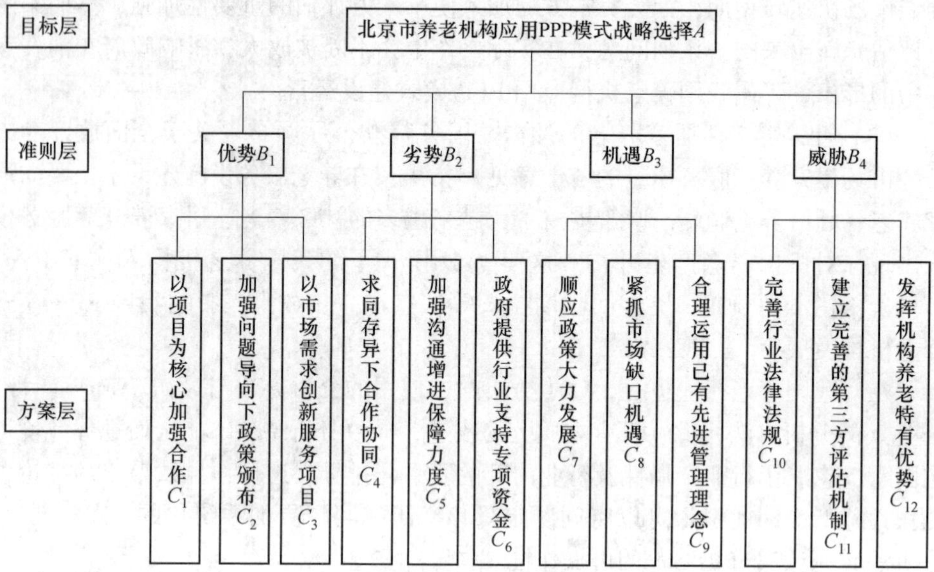

图3-1 层次结构示意图

表3-1 判断矩阵的目标层和准则层

养老机构PPP模式发展战略选择	优势	劣势	机遇	威胁
优势	1	5/3	5/6	5
劣势	1/2	1	1/2	3
机遇	6/5	2	1	6
威胁	1/5	1/3	1/6	1

3.2.2.3 判断矩阵的一致性检验

判断专家在判断指标重要性时是否出现前后相互矛盾，要进行一致性检验。计算随机一致性比率：

$$CR = CI/RI$$

$$CI = (\lambda_{max} - n)/(n - 1)$$

式中，CI为判断矩阵一致性指标；RI为平均随机一致性指标；λ_{max}为判断矩阵最大特征根，即$\lambda_{max} = \sum_{i=1}^{n} (AW)_j / nw_i$；$n$为矩阵阶数。

RI值见表3-2。

表3-2 平均随机一致性指标

矩阵阶数n	1	2	3	4	5	6	7
RI	0	0	0.58	0.9	1.12	1.24	1.32

当 $CR<0.10$ 时，判断矩阵具有满意的一致性；当 $CR\geqslant 0.10$ 时，需要调整判断矩阵，直到满意。

在矩阵 $A-B$ 中，$\lambda_{max}=4.87$，$CI=0.0006$，$CR=0.007<0.1$，通过一致性检验。

3.2.2.4 层次单排序

层次单排序就是计算某层次因素对于上一层次某一因素的相对重要性，最常用的方法有和积法和方根法，本研究采用方根法。下面介绍计算步骤。

（1）计算判断矩阵每一行元素的乘积 M_i：

$$M_i=\prod_{j=1}^{n} a_{ij} \quad i=1,\ 2,\ \cdots,\ n$$

（2）计算 M_i 的 n 次方根 W_i^1：

$$W_i^1=\sqrt[n]{M_i}$$

（3）对向量 $\boldsymbol{W}^1=[W_1^1,\ W_2^1,\ \cdots,\ W_n^1]^{\mathrm{T}}$ 归一化处理，所得 $\boldsymbol{W}$ 即为所求的特征向量。

（4）计算判断矩阵的最大特征根 λ_{max}：

$$\lambda_{max}=\sum_{i=1}^{n}\frac{(AW)_i}{nW_i}$$

式中，$(AW)_i$ 表示向量 AW 的第 i 个元素。

对于判断矩阵 $\boldsymbol{A}$，计算结果为：$\boldsymbol{W}=[0.284,\ 0.242,\ 0.323,\ 0.151]^{\mathrm{T}}$，$\lambda_{max}=4.87$，$CI=0.0006$，$CR=0.007$。

3.2.2.5 层次总排序

依次沿递阶层次结构由上而下逐层计算，计算出最底层因素对于最高层的相对重要性，结果见表 3-3。

表 3-3 养老机构应用 PPP 模式建设运营战略选择排序

养老机构 PPP 模式发展战略选择	最终权重	综合排序
顺应政策大力发展	0.220	1
加强问题导向下政策颁布	0.190	2
紧抓市场缺口机遇	0.140	3
求同存异下合作协同	0.100	4
发挥机构养老特有优势	0.075	5
以市场需求创新服务项目	0.060	6
加强沟通增进保障力度	0.050	7
合理运用已有先进管理理念	0.041	8
以项目为核心加强合作	0.038	9
完善行业法律法规	0.036	10
政府提供行业支持专项资金	0.030	11
建立完善的第三方评估机制	0.024	12

3.3　关键因素及政策建议

3.3.1　关键因素

在影响我国养老机构应用 PPP 模式建设运营的决策方案中，选取前 n 项和大于 0.7 的因素为重要方案，即：顺应政策大力发展、加强问题导向下政策颁布、紧抓市场缺口机遇、求同存异下合作协同、发挥机构养老特有优势。

3.3.2　政策建议

本研究用 SWOT 分析法对 PPP 模式应用于我国养老机构的优势、劣势、机遇、威胁进行分析，然后结合 AHP 方法对这些影响因素进行比重排序，主要以比重前五位的影响因素为基础分别对政府方与社会资本方提出政策建议。

3.3.2.1　政府方

（1）我国政府应针对我国地块紧张、启动资金大、居民对生活水平要求高等特点出台以问题为导向的相关政策。将 PPP 模式引入我国养老机构并不一定是以降低各级政府财政压力为出发点，重点考虑的应是怎样解决当前我国养老机构不能满足居民对养老差异化、品质化服务的需求；在招标时，应注重社会资本方的专业素养，而不是将关注点着眼于资金的投入。

（2）政府应积极引导社会资本方在追逐利益的同时福利最大化。基于我国养老机构前期建设、运营的巨大投资及资金回收期较长的特点，参与养老机构的社会资本方大多数是财力雄厚的集团，与政府合作的机构一般为该类集团的子公司。这种情况下，我国各级政府可以适当地给予其母公司政策优惠。

3.3.2.2　社会资本方

（1）我国民政局大力推广社区养老、居家养老、居家+社区等养老模式，在很大程度上丰富了老年人的选择，同时也对我国养老机构 PPP 模式的推广产生冲击。因此，PPP 模式下的我国养老机构应灵活多变：1）结合社会实情，与周围小区合作，提供不过夜的养老服务，一方面为上班子女提供方便，另一方面占领市场份额。2）机构养老可以扩展到居家养老，定期组织机构内专业人员为周围居家养老的老人提供免费服务，扩大影响力。

（2）在我国高收入市民多，追求差异性养老服务成为主流，为社会资本方大展拳脚搭建舞台。社会资本方可以充分发挥其先进服务理念，在 PPP 模式养老机构内建立“阶梯型服务体系”，设置价格阶梯的服务方式，一方面跟从政府服务于社会的公益性原则，满足低收入人群养老；另一方面顺应社会潮流，大搞差异化服务，满足人民追求美好生活愿望。

（3）PPP 模式下的我国养老机构应重点关注养老机构配套医疗，先进的医疗服务可以为 PPP 模式下的养老机构进行“医养结合”创新提供基础。PPP 模式下的我国养老机构配套医疗服务应结合当地实情。满足相应条件的地区可以在医院周边建设养老机构，像北京这样地块紧缺的地区，应结合实际提供其他适合的养老机构配套医疗服务：1）急救车在养老机构内 24 小时待命；2）机构内设置医院驻机构护士站。

4 基于粗糙集理论的机构养老 PPP 项目社会资本方选择

4.1 养老 PPP 项目资本方选择

4.1.1 养老 PPP 项目社会资本方

伙伴关系是 PPP 项目的典型特征之一，PPP 项目中政府和社会资本方是一种紧密的合作关系。在政府角度下，社会资本方选择的实质就是选择正确的合作伙伴。从合作伙伴要求角度出发，国外早期文献通过理论研究、实证研究解决了 PPP 模式特许经营者的相关问题：Kumaraswamy 提出建立合作伙伴评价的整合框架，通过对 PPP 项目是否可以持续获得预期绩效进行评价，综合考察特许经营者。张学清将中国、美国及英国的 PPP 模式实施情况进行对比，并找出合作伙伴与项目成功因素之间的关系。S. Zhang 综合回顾了 PPP 在我国基建领域的应用，提出了合作伙伴选择现阶段存在的问题，并给出解决对策。J. Liu 等采用实物期权构建了 PPP 项目合作伙伴竞争程度评价模型，对政府在谈判中如何提供担保给出了建议。

4.1.2 PPP 项目社会资本方选择指标体系构建

在社会资本方选择指标体系构建方面，国内外学者提供了丰富的思路：张学清较早通过定性评价与定量评价相结合的方法，建立 BOT 项目社会资本方评价系统，针对财务、技术、HSE（安全、健康和环保）及管理四个维度的 92 项指标向世界范围内专家发放问卷，通过对四个维度初步指标体系的细化，建立了社会资本方选择的指标体系。Mohanm 基于现有文献和专家经验，确定了资金、技术、组织、成本四个维度的 22 个社会资本方的选择标准。N. Doni 等从技术、可持续发展、关系三个影响 PPP 项目社会资本方选择的因素入手建立指标体系，同时采用“德尔菲法”证明该选择模型的可操作性。Wang Wenxiong 等构建了由 18 个指标构成的指标模型，包括融资、财务能力，设计、建造与运营管理能力及其他方面。随着研究的逐渐深入，专家们对于指标维度的选取开始趋向统一，但也有部分学者创新性提出自己的看法。路浩等基于社会成本视角，从财务、管理、技术、HSE 及社会成本五个维度属性 29 个指标建立评标模型。吴昊莺基于县级项目视角，通过实地考察，将信誉因素考虑在内，设计了由信誉、成果、技术、管理及资金五个维度构成的选择评价标准。

此外，也有学者针对 PPP 某一领域的特点对社会资本方选择进行探讨。楼婷婷总结了奥运场馆 PPP 项目社会资本方选择经验，从合同执行度、核心竞争力、投标文件三个方面考虑，构建了三阶段选择模型。闰飞等通过分析 BOT 模式下的道贺高速公路选择合作伙伴失败的原因，为政府的前期决策工作提供了建议。张铁从三维视角提出项目类型、融资水平、招投标形式三个影响基础设施社会资本方的因素。王东波等则探讨了电厂 BOT 项目招标评标的各个环节，从合作预期遇到的风险角度给出选择社会资本方需要注意的事宜。

4.1.3 PPP 项目社会资本方选择模型构建

在指标体系确立的基础上，为更加合理地对各指标的重要程度进行确定，综合选择出符合要求的社会资本方，学者们从定量角度构建了 PPP 社会资本方选择的模型。卢志刚、林卡采用多目标优化方法，利用保留经营策略的非支配遗传算法求解，有助于选择稳定性高的社会资本方。易欣提出了基于 PPP 轨道交通领域的准入规制、优选程序和协商谈判三阶段社会资本方选择机制，给出了基于 IAHP 和 Vague 集理想解的优选模型。宋波等从参与方满意度原则出发，采用迭代算法进行 PPP 项目社会资本方选择。丛旭辉以社会资本联合体为研究对象，从任务和关系视角出发，结合云模型与灰关联法的优点，构建社会资本方优选决策模型。章昀玥、张云宁等结合熵权法与模糊综合评价模型，建立多层次评价体系，并进行案例验证。何寿奎着重考虑管理水平对项目的影响，通过建立函数分析了社会资本方选择的机制。

在针对养老 PPP 项目的社会资本方选择方面，学者们仍处于探讨阶段。王浩鹏通过对大连市四家养老机构的实证分析，提出 ELECTRE 法选择社会资本方。进一步的，任志涛、雷瑞波借助 SPO 模型建立养老 PPP 项目社会资本方选择标准体系，深化了采用 ELECTRE 法的决策模型。杜虹静运用聚类分析法，通过求解数学模型选择养老地产社会资本方。吴萍等对三类社会资本方的优劣势分析，提出养老地产 PPP 项目社会资本方选择的政策建议。姜雪基于混合多属性群决策方法，通过在 TOPSIS 法中引入“垂面”概念实现备选方案的优劣排序，求解最佳合作伙伴。

现有 PPP 项目社会资本方选择的研究主要解决了两个问题：（1）确定评价指标体系，主要是采用定性的专家访谈、问卷调查等方式，近年来针对 BOT 项目的指标维度设置逐渐集中在技术、资金、管理等方面，指标数量有所简化；（2）建立综合评价模型，多采用实证分析方法，其中灰色关联度、ELECTRE 法等数学方法运用较多。本书以 PPP 项目中的养老 ROT 项目为切入点，协助养老 PPP 项目建立社会资本方选择模型，为养老 PPP 项目的进一步发展提供参考。

4.2 政府视角下养老 PPP 项目合作伙伴关系

4.2.1 养老 PPP 项目合作伙伴类型

PPP 项目实施中参与方众多，会产生各行各业的合作伙伴。在已有研究中，以楼婷婷的分类方式为基础，结合养老 PPP 项目的特殊性，将合作伙伴分成了核心合作伙伴、一般合作伙伴、边缘合作伙伴三种类型，如图 4-1 所示。

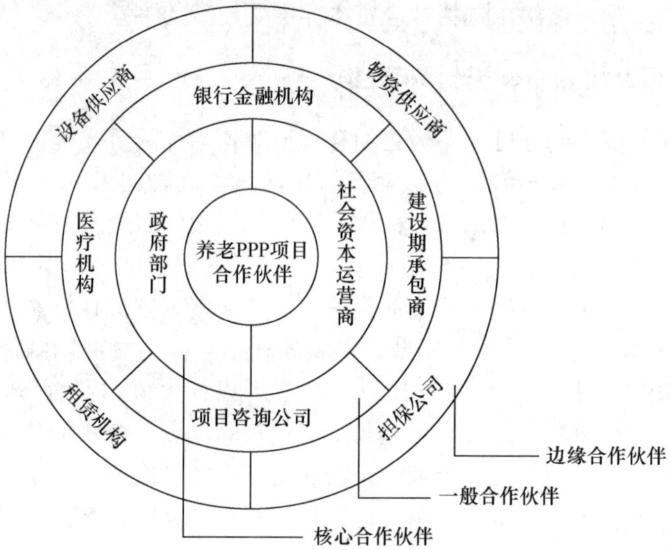

图 4-1 项目合作伙伴类型

(1) 核心合作伙伴。在 PPP 项目中，核心合作伙伴为政府部门、社会资本运营商。这两者是养老 PPP 项目全过程的参与方，它们之间建立的合同关系是整个 PPP 项目的核心。其中政府部门往往会委托下属部门作为实施机构，但因为两方为利益整体，因此统称为政府方。社会资本运营商即社会资本方，社会资本合作伙伴由具有一定养老机构运营经验的企业承担，保障项目运营。

(2) 一般合作伙伴。一般合作伙伴包括银行金融机构、建设期承包商、医疗机构、项目咨询单位等，参与项目的建设、运营多个阶段，承担融资、施工以及运营任务，在某一阶段的参与程度较高，项目实施中承担少部分风险。

(3) 边缘合作伙伴。边缘合作伙伴表示只参与项目某个环节的合作伙伴，包括设备物资供应商、担保公司、租赁机构等。边缘合作伙伴与项目产生阶段性的合作关系，项目实施过程中基本不承担风险。

4.2.2 养老 PPP 项目合作伙伴界定

养老 PPP 项目合作伙伴众多，本研究选择的合作伙伴即是核心合作伙伴中的社会资本运营商。社会资本方由于 PPP 模式探索“管办分离”的运营办法，根据已有项目经验，确定了养老 PPP 项目核心参与方间的关系。

如图 4-2 所示，养老 PPP 项目中的主要参与主体为政府方、PPP 项目实施机构及社会资本运营方，其中 PPP 项目实施机构是政府的政府下属部门或政府出资人代表，该方为项目甲方，政府予以实施机构政策支持，主要负责前期 PPP 项目的改扩建工程，提供有效的基础设施场所，保障设施的顺利运作。在一些特殊项目中也可以不设置项目实施机构，直接由政府承担项目前期事宜。社会资本运营方为项目总运营商，主要对建成的养老 PPP 项目进行运营管理，并与政府方分担项目风险、共享项目收益。盈利模式主要靠政府补贴与使用者付费，收费价格参照市场价格，但是由于 PPP 项目多为公立养老机构，因此具体收费价格需要政府审批确定。实施机构与社会资本运营方签订 PPP 项目合同，约定特许经营期，特许经营期间政府对项目及运营商的运营情况进行绩效考核、监管，期满后社会资本方将全部设施移交给政府方。图 4-2 中的社会资本运营方即为本书界定的合作伙伴。

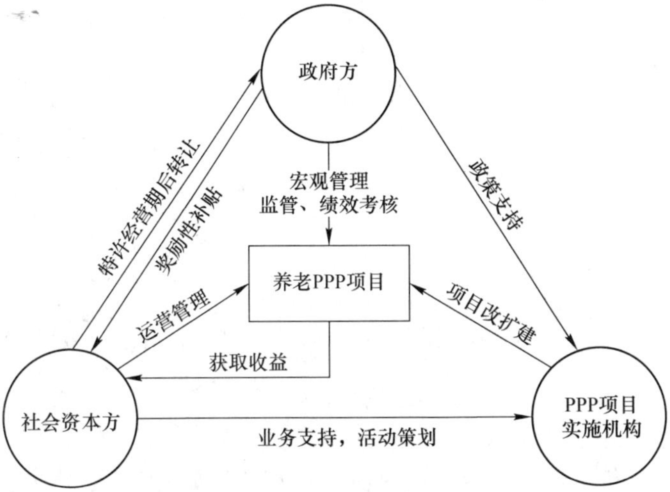

图 4-2 项目各参与方关系图

4.2.3 养老 PPP 项目对合作伙伴的要求

养老 PPP 项目运营周期长，受众群体特殊，需要政府与社会资本方之间长期合作。在各个阶段中，要求社会资本方发挥自身优势，在各方面承担起应尽的责任，提供优质的养老服务。在各方关系中，项目对社会资本方的要求如下：

(1) 完成项目融资。社会资本运营方必须与政府方签订 PPP 合同，将自有资金投入到养老 PPP 项目中，承担提供公共服务的责任。引进 PPP 模式的目的是减少财政压力，因此社会资本运营方需要采购相关医疗设备、组建管理团队、启动项目运营，这些要求合作伙伴具备较强的资金实力、丰富的融资经验和融资渠道，顺利完成项目融资，实现养老 PPP 项目的整体目标。

(2) 维持项目运营。项目建成后，社会资本方将通过科学的管理技巧、专业的管理团队、优质的服务向社会提供养老服务。为了保障项目的顺利进展，社会资本方应当制定公开的收费标准，收取一定服务费用。社会资本方必须建立在诚信经营的基础上，政府为了保障项目的服务质量也会定期进行监管和考核。

根据我国养老 PPP 项目的发展情况，现阶段社会资本方主要以国企、私营企业为主要参与者。社会资本方在养老 PPP 项目中承担着与政府长期合作的复杂任务。在实施过程中，不但需要综合考察合作伙伴的运营能力、管理经验、资金实力，也需要政府合理的监管，保证项目的顺利进展，最终实现互利共赢。因此如何选择出最合适的合作伙伴，在运营期间应如何监管是政府亟待解决的问题。

4.3 养老 PPP 项目社会资本方选择理论基础

(1) 信息不对称理论。信息不对称是相对于完全信息的概念，完全信息是指信息双方互相能够掌握到全部的相关信息。但伴随着生产的发展，各行业之间、各地域之间能够掌握的信息不可能完全相同，因此信息不对称的现象开始出现。信息不对称是指交易双方在经济活动中对于对方的知识、资料等内容的了解存在差异，信息量处于弱势的一方想要了解相关信息就需要付出一定成本。在养老 PPP 项目中，社会资本方拥有独立的生产资料和专业的运营管理经验，与政府间存在信息不对称，因此在合作伙伴选择的过程中，需要从各方面充分考核社会资本方，减少信息不对称造成的决策失误。

(2) 交易成本理论。交易成本是指供需双方为获取自身资源，在交易过程中必须付出的代价，例如金钱、资源等。交易成本理论是通过增加企业内部结构化降低交易成本，但同时也将提高内部管理成本。一旦内部化成本高于同外部企业分享资源而产生的风险时，建立合作伙伴联盟就是最佳的生产组织方式。因此，建立合作伙伴关系能够通过双方共享信息降低生产运营成本。交易成本理论是合作伙伴选择的重要理论依据，是组建合作伙伴团体的驱动。

(3) 核心竞争力理论。核心竞争力理论是针对企业发展战略提出的理论，企业核心竞争力代表着企业独有的，不能够被其他的竞争者所替代或模仿的资源和能力，包括金钱、设备等有形资产和声誉、品牌等无形资产。一般来说，无形资产很难被竞争对手获得。养老 PPP 项目合作伙伴选择过程中，重点要考察社会资本企业的核心竞争力，通过对有形资产和无形资产的综合考察，选出适宜养老 PPP 项目的合作伙伴。

4.4 养老 PPP 项目社会资本方选择指标体系构建

4.4.1 社会资本方选择的原则及流程

4.4.1.1 社会资本方选择的原则

养老 PPP 项目社会资本方选择是在合作双方信息不完全的情况下，政府部门根据项目特点，从资金实力、运营经验、管理体制等方面对社会资本方进行综合性的考核评价，选择最适合的社会资本方成为合作伙伴，保障养老 PPP 项目的成功运作。本书基于已有研究，除了 PPP 项目“伙伴关系、风险共担、利益共享”的三条基本原则以外，确定合作伙伴选择的原则如下：

（1）核心竞争力原则。PPP 项目涉及的利益相关者复杂，服务对象特殊，采用 PPP 模式的关键是引入社会资本方，与政府优势互补。因此政府关注的核心是社会资本方拥有而政府方缺乏的关键优势，也就是各投标者的核心竞争力。这就要求政府在挑选社会资本方时以核心竞争力为主要原则，设立相应指标。

（2）诚信第一原则。诚信第一是社会资本方与政府之间订立契约、完成合作的基础，选择优良信誉的合作伙伴能够减少利益相关者之间的交易成本，降低运营风险，保证项目成功实施。PPP 项目社会资本方选择过程中需要考虑企业的社会信誉和商业信誉，并设立相关指标。

（3）信息公开化原则。PPP 模式是以政府与社会资本方两主体为核心的合作，政府在选定社会资本方后，要建立一个良好的与合作伙伴沟通交流的平台，便于在遇到项目中的风险、利益问题时双方达成一致，从而有效避免因为不必要的冲突而破坏养老 PPP 项目的伙伴关系，影响项目进展。

（4）行业针对性原则。不同行业领域对资质和能力的要求会有所不同，因此在选择的合作伙伴上会表现出一些差异。养老 PPP 项目作为服务业的代表，表现出重视服务质量、人才配置等特点，收费机制复杂，项目运营周期长、风险高。因此，要求在合作伙伴选择时要有针对性地考察行业相关能力。

4.4.1.2 合作伙伴选择的流程

PPP 项目的操作流程分为项目识别、项目准备、项目采购、项目执行、项目移交五个阶段，其中养老 PPP 项目社会资本方选择的过程涉及项目前三个阶段。社会资本方选择及监管流程如图 4-3 所示。

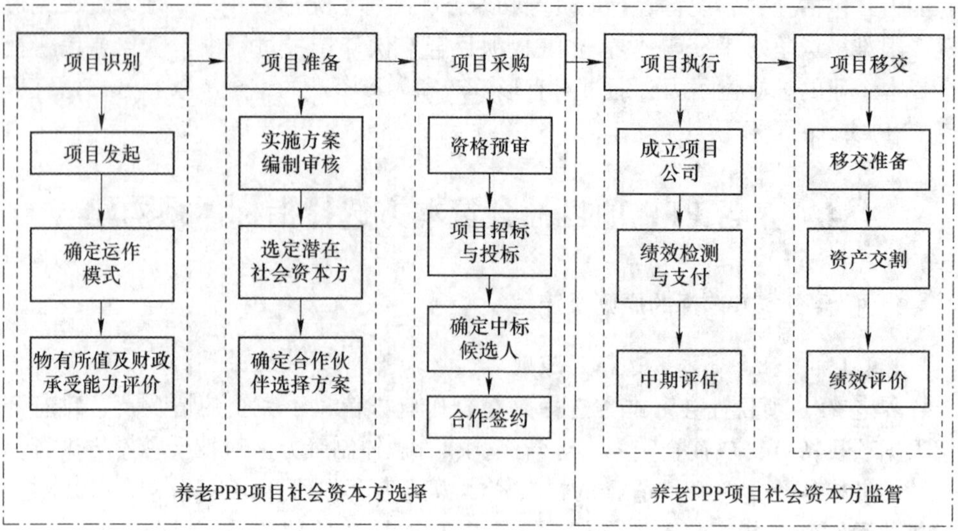

图 4-3　合作伙伴选择及监管流程图

图 4-3 中，在进行项目识别后，首先进入项目准备阶段，该阶段需要选择公开招标或邀请招标的招投标模式，并且划定潜在社会资本方的范围，同时要建立起统一的社会资本方选择指标体系，制定社会资本方选择的具体方案。

在项目采购阶段，进行项目的资格预审，通过资格预审的社会资本方要通过建立的社会资本方选择模型进行评价打分；根据综合评分高低选定中标候选人，经过谈判最终选定社会资本方，并进行合同签约，进入到项目执行阶段，完成执行与移交内容。

4.4.2　养老 PPP 项目指标体系构建思路

养老 PPP 项目指标体系的构建既要满足 PPP 项目社会资本方选择的要点，又要兼顾养老机构行业的特殊性和 PPP 项目的特殊性，养老 PPP 项目社会资本方选择指标体系构建流程如图 4-4 所示。

思路如下：

(1) 采用文献分析法，对 PPP 项目建立指标体系所需要的指标维度进行筛选，并筛选各维度下的一般性指标；

(2) 分析 PPP 项目社会资本方与养老机构项目合作伙伴选择的特殊性指标，其中养老机构项目合作伙伴选择标准通过各省市出台的养老机构管理政策进行整理，并与一般性指标进行整合，形成初步指标体系；

(3) 对初步建立的指标体系进行指标筛选，采用粗糙集的方法，剔除冗余指标，得到最终指标体系。

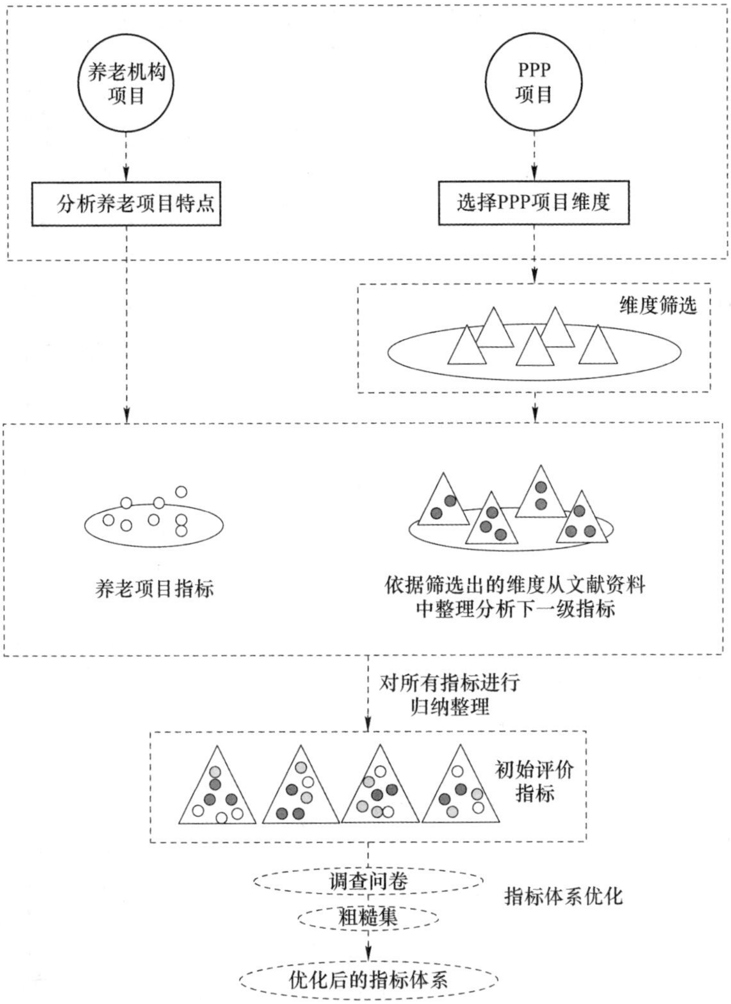

图 4-4 项目社会资本方选择指标体系构建流程

4.4.3 初步指标体系构建

4.4.3.1 指标维度筛选

不同学者从不同的研究角度均有不同的维度划分，但划分结果也有相似之处，本书通过对已有文献中 22 篇研究主题为 PPP 或 BOT 项目合作伙伴选择的文章进行分析，统计出文中涉及的指标维度，统计频次见表 4-1。根据频次表格数据，首先选择技术、财务、管理、信誉、类似经验五个方面为评价维度。由于 PPP 项目对运营管理阶段要求较高，对建设阶段要求相对减弱，因此不将 HSE 因素作为社会资本方选择的单一维度考虑。将出现频次较高的合作能力和风险管理指标并入管理维度，作为二级指标综合考虑。

表 4-1 养老 PPP 项目社会资本方选择维度筛选统计表

序号	来源	适用类型	维度划分								
			技术	财务	管理	经验	信誉	HSE	合作能力	风险管理	其他
1	G. D. Holt 等（1994）	PPP	√	√	√	√	√				
2	Antonio（1996）	PPP	√	√	√						生产、社会贡献、沟通
3	张学清（2004）	PPP	√	√	√			√			
4	Iqbal Khadaroo（2007）	PFI	√	√	√						合同管理
5	Mohan（2008）	BOOT	√	√	√						
6	程言家（2008）	PPP	√	√	√			√			
7	李伟（2009）	BOT 火力发电厂	√	√			√				法人地位
8	何寿奎（2010）	PPP		√	√						
9	国翔宇（2011）	BOT	√	√	√			√			
10	王东波（2011）	BOT	√	√	√				√		
11	王薇（2011）	BOT	√	√					√		
12	张轶（2011）	PPP	√	√		√					项目性质
13	陈通 2011）	PPP	√	√	√	√		√		√	
14	楼婷婷（2011）	PPP	√	√	√		√		√	√	努力程度
15	Xu-kuo Gao（2013）	PPP	√	√	√		√			√	规模
16	路浩（2014）	BOT	√	√	√			√			社会成本
17	杜雪梅（2014）	准经营 PPP	√	√	√	√	√				
18	梁竹（2014）	PPP	√		√		√				资源、社会影响力
19	易欣（2016）	PPP 轨道交通	√	√	√	√	√		√		
20	章昀玥等（2016）	PPP		√	√		√			√	合同管理
21	东青（2016）	准经营 PPP	√	√	√	√	√		√		服务水平
22	姜雪（2016）	PPP	√	√	√	√	√				
合计			20	21	19	7	10	5	5	4	

4.4.3.2 PPP 项目一般性指标筛选

通过维度筛选，本书从财务、技术、管理、信誉、经验五个维度进行分类，结合 PPP 项目的特点，遵循指标的筛选流程，对已有的相关指标进行分析筛选。在筛选过程中充分考察了 PPP 项目的特殊性，如建设方案、类似项目建设经验等考察建设期的指标，虽然在已有文献中也出现了一定频次，但是由于与 PPP 项目的主要实践内容存在差异，在筛选过程中予以剔除。最终共识别出社会资本方选择的 24 个一般指标。初选的指标结果见表 4-2。

表 4-2 养老 PPP 项目社会资本方选择一般性指标初选依据

维度	对应指标	指标来源
财务	资金实力	G. D. Holt 等（1994）；Antonio（1996）；张学清（2004）；Mohan（2008）；Iqbal Khadaroo（2007）；程家言（2008）；李伟（2009）；何寿奎（2010）；国翔宇（2011）；王东波（2011）；陈通（2011）；楼婷婷（2011）；Xu-kuo Gao（2013）；路浩（2014）；杜雪梅（2014）；易欣（2016）；章昀玥等（2016）；东青（2016）；姜雪（2016）
	融资能力及融资方案	G. D. Holt 等（1994）；Antonio（1996）；Mohan（2008）；张学清（2004）；Iqbal Khadaroo（2007）；程家言（2008）；李伟（2009）；何寿奎（2010）；国翔宇（2011）；王东波（2011）；陈通（2011）；楼婷婷（2011）；路浩（2014）；杜雪梅（2014）；东青（2016）
	获得担保的能力	Antonio（1996）；杜雪梅（2014）；章昀玥等（2016）王东波（2011）
	收益方案合理性	杜雪梅（2014）；东青（2016）；章昀玥等（2016）国翔宇（2011）；王东波（2011）；姜雪（2016）
	财务风险方案	程家言（2008）；李伟（2009）；何寿奎（2010）；国翔宇（2011）；王东波（2011）；楼婷婷（2011）；陈通（2011）
	债务与股权的比例	张学清（2004）；Mohan（2008）；程家言（2008）；何寿奎（2010）；楼婷婷（2011）；国翔宇（2011）；路浩（2014）；杜雪梅（2014）；易欣（2016）；东青（2016）；姜雪（2016）
技术	核心技术资源	Antonio（1996）；张学清（2004）；程家言（2008）；李伟（2009）；楼婷婷（2011）；国翔宇（2011）；路浩（2014）；杜雪梅（2014）；易欣（2016）；梁竹（2014）；东青（2016）
	设施质量保证体系	楼婷婷（2011）；G. D. Holt 等（1994）；张学清（2004）；Mohan（2008）；国翔宇（2011）；易欣（2016）；梁竹（2014）
	创新意识体现	楼婷婷（2011）；程家言（2008）；路浩（2014）；姜雪（2016）
	安全健康及环境管理能力（HSE）	楼婷婷（2011）；东青（2016）；程家言（2008）；Antonio（1996）；张学清（2004）；Mohan（2008）；李伟（2009）；何寿奎（2010）；陈通（2011）；路浩（2014）；姜雪（2018）

续表 4-2

维度	对应指标	指标来源
管理	组织结构与文化	楼婷婷（2011）；东青（2016）；程家言（2008）；张学清（2004）；李伟（2009）；何寿奎（2010）；王东波（2011）；路浩（2014）；杜雪梅（2014）；梁竹（2014）；姜雪（2016）
	企业相应资质	楼婷婷（2011）；东青（2016）；Antonio（1996）；杜雪梅（2014）；易欣（2016）；梁竹（2014）；王东波（2011）
	运营维护能力	东青（2016）；程言家（2008）；WangWen xiong（2007）；袁竞峰（2009）；Antonio（1996）；国翔宇（2011）；易欣（2016）；梁竹（2014）；路浩（2014）
	协调沟通能力	程言家（2008）；张学清（2004）；陈通（2011）；王薇（2011）；袁竞峰（2009）；王守清（2015）；易欣（2016）
	移交方案的合理性	楼婷婷（2011）；东青（2016）；Antonio（1996）；杜雪梅（2014）；易欣（2016）；梁竹（2014）；姜雪（2016）
	风险管理能力	楼婷婷（2011）；东青（2016）；杜雪梅（2014）；章昀玥等（2016）；易欣（2016）；姜雪（2018）
信誉	历史项目合同履约率	东青（2016）；WangWen xiong（2007）；王薇（2011）；杜雪梅（2014）；易欣（2016）；梁竹（2014）
	历史投诉率	东青（2016）；关夏（2010）；M. Kumaraswamy（2008）；易欣（2016）；王东波（2011）；姜雪（2016）
	商业信用	楼婷婷（2011）；东青（2016）；梁竹（2014）；王东波（2011）
	社会信誉	楼婷婷（2011）；杜雪梅（2014）；易欣（2016）
	保险措施	易欣（2016）；梁竹（2014）；王东波（2011）
经验	建设运营项目的数量	楼婷婷（2011）；东青（2016）；M. Kumaraswamy（2008）；张学清（2004）；WangWen xiong（2007）；杜雪梅（2014）
	建设运营项目的规模	东青（2016）；国翔宇（2011）；M. Kumaraswamy（2008）；张学清（2004）；WangWen xiong（2007）；陈通（2011）；王守清（2015）；杜雪梅（2014）；易欣（2016）；王东波（2011）
	用户满意度	东青（2016）；国翔宇（2011）；M. Kumaraswamy（2008）；WangWen xiong（2007）；陈通（2011）；袁竞峰（2009）；王守清（2015）；杜雪梅（2014）；王东波（2011）；姜雪（2016）

A 财务维度

(1) 资金实力：反映了社会资本方现有的资金资源，是财务能力的核心指标。资金实力从社会资本方投标的具体财务报告来反映，主要考察总资产、固定资产数额，本研究是通过注册资金和总资产进行分析考察。

（2）融资能力及融资方案：运营的资金不一定都来自社会资本方的自有资金，融资能力是企业资金能力的重要体现，主要考察企业筹集资金的能力、获取资金的来源。该指标可以从金融机构出具的融资承诺书中获得。

（3）获得担保的能力：是指合作伙伴取得其他机构担保的能力，体现了社会资本方的资金偿还能力，通过银行的信贷证明来体现。

（4）收益方案合理性：由于项目必然包含一部分使用者付费，社会资本方要制定收益方案来收回运营支出和初期投资。民政基础设施的收益方案还要体现合理性，因此本研究主要通过养老机构对床位每月的平均定价来进行测定。

（5）财务风险方案：是在遇到财务风险时，社会资本方是否有成熟的方案应对。该指标需要合作伙伴提供各种形式的方案参与评审，避免财务风险导致的项目失败。

（6）债务与股权的比例：项目债务与股权的比值，衡量企业财务杠杆，通过企业的财务报表获得。

B 技术维度

（1）核心技术资源：核心技术是企业核心竞争力的体现，在PPP项目中体现为运营技术、管理方案，在养老项目中也体现了康复方案、老年服务能力。政府通过合作伙伴出示行业内的专利或证书进行评价。

（2）设施质量保证体系：建设项目的技术质量体现在机械设备上，养老项目的该项指标体现在医疗设施、康健设施的质量上。针对特殊的受众群体，设施质量直接与服务质量紧密相关。

（3）安全健康及环境管理能力（HSE）：HSE指标主要体现在建设方面是否形成了健康、安全及环境保障体系。养老PPP项目由于为改扩建项目，主要体现在项目投入运营之前的改造处理，考察依据来源于项目的HSE执行记录。

（4）创新意识体现：PPP项目需要进行长期运营管理。在原有项目运营不佳的基础上进行改造重新运营，必须要求合作伙伴具有较强的创新意识，才能够吸引到老年人群体带来收益。

C 管理维度

（1）组织结构与文化：一般考察组织的管理结构和文化是否满足民政公共基础设施的要求，包括管理模式是否合理、职能部门设置是否全面、人员配置是否合理等。

（2）企业相应资质：企业资质直接体现社会资本方能够承接项目的类型、范围以及合作伙伴的基本实力，社会资本方需出示营业执照、企业资质等级证书等相关资料。

（3）运营维护能力：针对服务类的民政公共基础设施来说，运营能力是管理维度的核心指标，运营维护能力考察社会资本方的运营维护方案、管理制度、管理标准等。

(4) 协调沟通能力：项目运营过程中，社会资本方拥有良好的沟通能力是各方协调供应、项目取胜的关键。养老 PPP 项目可以从社会资本方内部员工沟通、与政府等一般、边缘合作伙伴沟通，尤其是与老年人这个特殊群体的沟通能力等角度考察。

(5) 移交方案的合理性：根据特许经营型 PPP 项目要求，特许期满后项目需要移交政府，继续发挥作用。如果对社会资本方没有要求，过度在运营期使用设施，会导致移交的医疗设备和基础设施已经老旧、损坏，影响后续使用。该指标需社会资本方提供移交方案。

(6) 风险管理能力：风险分担是 PPP 项目的主要特征之一，社会资本方需要较强的风险管理能力。对社会资本方考核可以考察风险管控细则、管理规章、以往风险应对处理情况等。

D 信誉维度

(1) 历史项目合同履约率：考察企业的信用程度，合同履约率越高，说明社会资本合作伙伴信用和实力较好。该指标为百分数指标，需要查询企业近三年来的合同签订情况及出现过的违约情况，并计算违约率。

(2) 历史投诉率：信誉良好的社会资本方应当少有法院部门的诉讼记录，争议解决态度决定了企业的处事风格和文化。该指标为百分数指标，通过考察企业五年内的诉讼文件，分析投诉的原因及处理方式，计算投诉率，判断企业信誉。

(3) 商业信用：银行信用评级可以用来考察商业信用，可通过商业信用等级体现合作伙伴的信用水平。该指标通过企业提供的银行资信证明实现。

(4) 社会信誉：社会信誉指标主要通过社会资本方承担社会责任、参与社会公益等方面的实践经历得知，间接体现了社会资本方对养老 PPP 项目的完成能力。

(5) 保险措施：是指社会资本方为保障项目顺利完成，为项目整体运营、项目使用者和项目工作人员设定的保险制度，通过购买保险的保单予以确认。

E 经验维度

(1) 建设运营项目的数量：主要考察社会资本方在养老 PPP 项目方面的运营经验，项目数目多代表社会资本方的经验丰富，对于不同类型的项目都有足够的运营能力。

(2) 建设运营项目的规模：主要考察企业对单一项目的运营实力范围，反映社会资本方的运营能力是否与本项目匹配。

(3) 用户满意度：是最重要的经验考核指标。老年人作为实际的受众群体，比政府这个业主更加直接地感受到项目的运营能力，如果项目能够在老年人中形成口碑，自然能够得到政府的支持和满意。

4.4.3.3 养老机构社会资本方选择的特殊性指标

为完善指标体系，更加符合养老机构的运营要求，本书从政策和管理规范入手进行指标补充。对包括国务院在内的全国各省（市区）养老机构服务标准进行统计，总结政策中提及的养老项目社会资本方选择考虑因素，政策列表见表 4-3。统计结果显示，全国目前共有 21 个省市出台了养老机构服务标准等相关政策，按照 23 项政策中提及的养老机构建设运营规范，将机构需求分为软性服务水平和硬性服务水平两个维度，其中日常生活照料服务能力、专业医护人员资质等软性服务设施的要求较高，同时半数以上的政策对硬性设施水平都进行了规定，统计结果见表 4-4，其中政策列举编号来自表 4-3。

表 4-3 养老机构各省市管理政策列表

序号	区域	发文机构	文件名称
1	全国	民政部	《养老机构管理办法》
2	吉林省	民政厅	《吉林省养老机构管理实施办法》
3	山东省	民政厅	《山东省养老服务机构服务质量规范（试行）》
4	河北省	民政厅、财政厅	《河北省养老机构星级评定管理办法（试行）》
5	天津市	民政局	《天津市养老机构管理办法》
6	河南省	民政厅	《河南省养老机构设立许可管理办法》
7	陕西省	民政厅	《陕西省社会养老服务机构管理暂行办法》
8	江苏省	省人大常委会	《江苏省养老服务条例》
9	安徽省	省人民政府	《安徽省人民政府关于加快发展养老服务业的实施意见》
10	浙江省	社会福利与老年服务处	《浙江省加强养老机构设立许可及管理工作》
11	福建省	省政府办公厅	《福建省人民政府办公厅关于促进养老机构健康发展措施的通知》
12	上海市	市人民政府	《上海市养老机构管理办法》
13	海南省	省人大常委会	《海南省养老机构管理条例》
14	湖南省	民政厅	《湖南省民政厅关于加强民办养老服务机构监督和管理的意见》
15	河南省	民政厅	《河南省社会办养老服务机构管理暂行办法》
16	内蒙古自治区	民政厅	《内蒙古自治区养老机构设立许可与管理办法》
17	青海省	省政府办公厅	《关于全面放开养老服务市场提升养老服务质量的实施意见》
18	陕西省	民政厅	《陕西省养老机构星级评定办法和标准（试行）》

续表 4-3

序号	区域	发文机构	文件名称
19	四川省	民政厅	《四川省养老机构设立许可实施办法》
20	云南省	省政府办公厅	《云南省人民政府办公厅关于支持社会力量发展养老服务业的实施意见》
21	重庆市	市政府法制办	《重庆市养老机构服务管理办法》

表 4-4　养老服务设施管理政策指标统计表

维度	对应指标	政策列举编号	出现频次
软性服务水平	日常生活照料服务能力	1，2，3，4，5，6，7，8，9，10，11，12，13，14，15，16，17，18，19，20，21，22，23	23
	医疗救助及保健能力	1，3，4，5，7，8，9，10，11，12，13，14，15，17，19，20，21，22，23	19
	专业护理人员资质	1，2，3，4，5，6，8，9，10，11，12，14，15，16，17，18，19，20，21，22	20
	环境卫生服务能力	4，5，6，7，8，9，10，11，13，15，16，17，18，20，21，22	16
	精神慰藉服务能力	1，2，3，4，7，8，10，12，13，14，15，16，17，19，22，23	16
	休闲文娱服务能力	1，2，3，4，6，7，8，9，10，11，13，14，15，18，19，20，21	17
	公共安全保护能力	1，2，3，4，5，7，8，9，10，11，12，14，15，16，18，19，21，22	18
硬性设施水平	健康档案管理制度	1，3，4，6，7，8，9，14，16，17，19，20	12
	收费标准	1，4，5，8，9，11，14，16，18，19，20，22	12
	人均居住面积	4，5，6，7，8，9，10，14，15，16，17，21，22	13
	设施人文关怀度	3，4，5，7，8，9，10，12，13，14，17，19	12
	护工与老人比例	1，3，4，6，7，8，9，12，13，14，16，17，19	13

A 软性服务水平

（1）日常生活照料服务能力：能够有专业护理人员照顾老人日常起居、饮食、清洗，帮助老人解决生活中不方便的问题，满足各方面日常生活要求。

（2）医疗救助及保健能力：能够配备一定的急救、护理设施，为老年人保健康复、紧急救助提供医疗服务，配备相应的医护、复健协助人员，具备从医能力。

（3）专业护理人员资质：是指具备一定比例获得专业资质证书的专业护理人员，是该维度下较为重要的评价指标，需提供个人资质证书资料。

（4）环境卫生服务能力：定期定时的保洁工作，保障老年人独立居室和公共区域的清洁卫生，保持环境整洁。

（5）精神慰藉服务能力：关注老年人心理健康，随时与老年人进行语言、心灵沟通，增强老年人对养老机构的归属感和安全感。

（6）休闲文娱服务能力：提供日常生活之外的休闲活动，有计划地提供棋牌、舞蹈、书画、放映、文艺表演等多种多样的文化娱乐活动。

（7）公共安全保护能力：保证老年人所在区域的人身安全，具备适当的安全防护措施。

B 硬性设施水平

（1）健康档案管理制度：为入住的老年人建立健康管理档案，实行一人一档，为每位老人配备相应的服务人员，记录平时的健康状况和行为。

（2）收费标准：各类财务凭证应当齐全，对于各种服务、床位应当有公示的收费标准，社会救助的资金应当专款专用并详细记录。

（3）人均居住面积：保障老年人居住的舒适度，人均面积需要有一定的要求，省市政策中一般规定不能低于 $20m^2$/人。

（4）设施人文关怀度：养老设施内应当充分体现人文关怀度，如沿走廊设置扶手、光照充足、室内绿化等，营造温馨的居住氛围。

（5）护工与老人比例：护理人员应当保证老年人护理基本要求，行动有障碍的老人要求至少一对一护理。

已有政策中只对养老机构的管理办法进行了要求，对于养老机构的医养结合方面要求相对较少。2018 年 11 月 28 日，国务院常务会议提出了进一步推进医养结合的意见，将符合条件的养老机构内设医疗机构纳入医保定点范围。因此，结合现阶段国家对医养结合大力发展的要求，本书根据相关政策和调研经验，提出两个补充指标：

（1）具备医养结合运营经验。医养不分家，老年人是各种疾病的高发人群，养老机构不但应当满足老年人的基本生活需求，更应当满足老年人的医疗要求。老年人在选择养老机构的时候会着重考虑医疗能力，因此社会资本方如果具备医养结合的运营经验会更加有竞争力，也容易获得老年人的青睐。

（2）具备定点医保资格。社会资本方与相关医院有合作协议，可以进行定点医保。进入养老机构的老年人多半为离退休人员，能够享受方便的医保服务，有相关专业的医院作为社会资本方的合作单位会提高老年人的安全感，因此定点医保资格也被列入考核指标。

4.4.3.4 初步指标体系的确定

根据上述内容，对养老 PPP 项目社会资本方选择的指标进行了整理归纳。由于养老机构的服务能力尤其重要，因此增加了“服务水平”的指标维度，对于硬性设施水平的相关指标与技术类和财务类指标进行了合并，补充指标并入了类似经验维度，初步指标体系见表 4-5。

表 4-5 养老 PPP 项目社会资本方选择初步指标体系

目标	指标维度	具体指标
养老 PPP 项目社会资本方选择	财务经验	资金实力
		融资能力及融资方案
		获得担保的能力
		收益方案合理性
		财务风险方案
		债务与股权的比例
	设施技术	核心技术资源
		设施质量保证体系
		人均居住面积
		设施设计人文关怀度
		创新理念体现
	运营管理	安全健康及环境管理能力（HSE）
		专业护理人员资质
		健康档案管理制度
		组织结构与文化
		运营维护能力
		护工与老人比例
		协调沟通能力
		移交方案的合理性
		风险管理能力
	服务水平	日常生活照料服务能力
		医疗救助及保健能力

续表 4-5

目标	指标维度	具体指标
养老 PPP 项目社会资本方选择	服务水平	环境卫生服务能力
		精神慰藉服务能力
		休闲文娱服务能力
		公共安全保护能力
	信誉水平	历史项目合同履约率
		历史投诉率
		商业信用
		社会信誉
		保险措施
	类似经验	建设运营养老项目的规模
		建设运营养老项目的数量
		已有养老项目的用户满意度
		具备医养结合运营经验
		具备定点医保资格

4.4.4 基于粗糙集理论的指标体系优化

4.4.4.1 粗糙集理论概述

由于上述指标体系是通过文献政策分析法将养老 PPP 项目社会资本方选择的评价指标进行简单整合，需要进一步对指标体系进行优化。剔除合并冗余、交叉、重复的指标，保证指标体系的必要度、覆盖率、稳定性、协调性。现有研究中，学者通常采用灰色关联度分析法、数理统计筛选法、主成分分析法等方法，但由于养老 PPP 项目合作伙伴选择的指标数量较多，定量分析指标和定性分析指标混杂，因此，采用具有数据挖掘功能的粗糙集方法来对指标体系进行优化。具体理由如下：

（1）粗糙集具有数据挖掘功能，能处理不精确、不确定的信息。粗糙集能从大量的数据中求得最小的不变集合，因此粗糙集能够进行指标筛选，去除冗余指标。

（2）粗糙集能够对评价对象进行有效分类，寻找数据内部关系。粗糙集的属性能在除去冗余指标后仍保持原有分类性质，从而实现去除指标后仍能发现规律的目的。

（3）粗糙集能反映指标间的依赖关系，能从初始指标体系中寻找到最简指标集。

4.4.4.2 基本定义与计算方法

利用粗糙集理论的定义和原理进行指标体系优化时，通常采用基于属性重要度的指标筛选模型，基本定义与计算方法如下：

定义 1 定义知识表达系统的四维集合函数 $S=\{U, R, V, f\}$，其中 $U=\{x_1, x_2, x_3, \cdots, x_n\}$ 称为论域，为调查问卷回收的样本集；条件属性 $R=\{r_1, r_2, r_3, \cdots, r_j\}$ 为各指标因素集合，即合作伙伴选择指标体系中的所有因素；$V=\cup_{r\in R}$，V_r 为属性值集合，其中 V_r 表示为条件属性 r 的值域；f 是 $U\times R\rightarrow V$ 的信息函数，为每个对象 x_i 的每个条件属性 r_j 赋予一个属性值，即 $r\in R$，$x\in U$，$f_r(x)\in V_r$。

定义 2 假设指标体系信息系统 $S=\{U, R, V, f\}$，A 为非空有限集合且 $A=C\cup D$，$C\cap D=\varnothing$，其中 C 为指标集，D 为综合评价结果集，称为 C、D 的决策表，记作 $T=\{U, C, D, V, f\}$。

定义 3 $\mathrm{IND}(R)$ 为指标集 R 的等价关系，等价关系 $\forall R\subseteq C$，$\forall t\in R$，$(x_i, x_j)\in U\times U$，有 $t(x_i)=t(x_j)$，即：

$$\mathrm{IND}(R)=\{(x_i, x_j)\in U\times U, \ \forall t\in R, \ (t(x_i)=t(x_j))\} \tag{4-1}$$

定义 4 设 P 为定义在 U 上的两个等价关系族，如果 $\mathrm{IND}(P)=\mathrm{IND}(P-\{p\})$，则称 p 在 P 中是冗余指标，否则 p 在 P 中是绝对必要指标。如果任一 p 在 P 中都是绝对必要的，则 P 是独立等价关系组且 P 中所有不可约去的关系集称为核集，记为 $CORE(P)$。

定义 5 对于信息系统 $S=\{U, R, V, f\}$，定义属性 $\{r\}$ 在指标体系中的重要度为：

$$\mathrm{sig}_r(r)=1=\frac{|R\cup\{r\}|}{|r|} \tag{4-2}$$

其中 $|r|$ 表示 $|\mathrm{ind}(r)|$。设 $\dfrac{|U|}{|\mathrm{ind}(r)|}=\dfrac{U}{R}=\{r_1, r_2, r_3, \cdots, r_j\}$，则 $|r|=|\mathrm{ind}(r)|=\sum\limits_{i=1}^{n}|r_j|^2$，同时定义 r 在同一指标维度下的相对重要度为：

$$\lambda_r=\frac{u_r}{\sum\limits_{i=1}^{r}u_r} \tag{4-3}$$

指标偏离度为：

$$D_i=\frac{\lambda_{\max}-\lambda_i}{\lambda_{\max}}\times 100\% \tag{4-4}$$

本书采用了调查问卷法获取论域的样本数据集合，首先将有效数据形成 Excel 数据表中的决策表；其次将 Excel 表导入 Rosetta 计算软件，利用遗传算法对养老 PPP 项目合作伙伴选择指标进行归类与约简，计算各指标的权重、偏离程度，对偏离程度大于 90%的指标进行约简与删除处理，从而得到优化之后的指标。

4.4.4.3 指标体系问卷设计及数据处理

本次调查问卷采用李克特量表的形式，借助问卷星平台，采用网上填写方式发放。问卷样表见附录2。

A 问卷内容

问卷介绍了调查背景、原因及评分细则，对受访者个人情况进行统计，包括项目了解程度、所在领域等，并采用李克特量表对上文初选指标体系进行打分，分数1~5表示指标的重要程度不断增大，其中“1”表示该指标在养老PPP项目社会资本方选择中很不重要，“5”表示该指标在养老PPP项目社会资本方选择中非常重要（见表4-6），详见附录2的问卷样表。

表4-6 调查问卷重要度评分表

重要程度	很不重要	不重要	一般	重要	非常重要
分值	1	2	3	4	5

B 问卷发放对象

本次问卷发放的目标人群为对PPP项目熟悉或有相关经验的专业人员，保证调查的有效性和可靠度。其中，咨询单位人员、科研/教育/院校人员和政府人员为主要的人员组成，调查人数达到本次调查人数的89.66%，如图4-5所示。

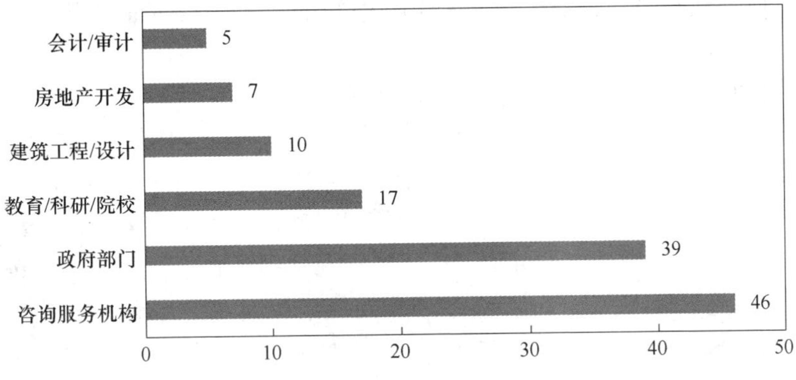

图4-5 调查问卷人员各行业来源统计图

专业的咨询人员对PPP/PPP项目有充分的了解，本研究在发放调查问卷时也着重发放给了具有服务类项目咨询经验的咨询单位。政府人员是项目的核心参与人，能够从社会资本方角度出发，考虑养老项目的公益性，也更能体现对社会资本方的要求，主要选取了民政局、卫生局等与养老项目相关的政府机关发放问卷。教育/科研/机构人员走在PPP模式研究的最前端，对PPP项目有充分的了解和认识，能够客观进行打分。

在调查对象中，有59.32%的人员从事或研究PPP项目有1~3年经验，

32.21%以上的人员从事或研究 PPP 项目有 3 年及以上经验，有相关经验的人员达到 90%以上，能够保证调查的专业性，如图 4-6 所示。

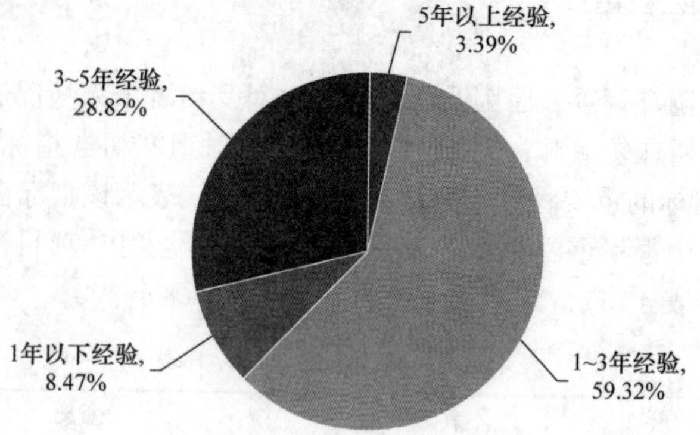

图 4-6 调查对象 PPP 项目经验比例

C 问卷回收

本次共回收问卷 124 份，其中出现信息不完整、打分呈明显规律的无效问卷共 8 份，剩余有效问卷 116 份。

4.4.4.4 指标体系优化计算

根据调查问卷的调查结果，结合粗糙集方法，利用 Rosetta 工具进行指标优化计算，计算步骤如下。

A 指标体系等价类关系集及正域求解

根据回收的 116 份调查问卷数据，以养老 PPP 项目合作伙伴选择的“设施技术”指标维度下的指标为例进行计算，首先建立知识系统 $S=\{U, T, V, f\}$。其中论域 $U=\{1, 2, 3, \cdots, 116\}$，设施技术类指标为条件属性 $T=\{T_1$（核心技术资源），T_2（设施质量保证体系），T_3（人均居住面积），T_4（创新理念体现），T_5（设施设计人文关怀度）$\}$。根据粗糙集理论，在 Rosetta 工具中求出条件属性 T 的等价类集合与集合正域为：

U/Ind（T）= {{11, 70}, {12, 71}, {48, 107}, {7, 66}, {4, 63}, {6, 65}, {13, 72}, {10, 69}, {58}, {55, 114}, {34, 93}, {28, 87}, {2, 19, 61, 78}, {35, 94}, {47, 106}, {26, 85}, {50, 102, 109}, {39, 98}, {56, 115}, {9}, {30}, {41}, {68}, {89}, {100}, {76}, {8}, {14}, {20}, {23}, {22, 53, 81, 112} {40, 99, 43}, {18}, {27}, {33}, {44}, {59}, {77, 86, 92, 103}, {51}, {52}, {57}, {67}, {73}, {21, 29, 80, 88}, {3, 5, 62, 64}, {49, 108, 101}, {24}, {31}, {36}, {54}, {83}, {90}, {95}, {1}, {13}, {16, 25, 32, 37, 75, 84}, {42, 91, 96}, {1}, {15}, {17}, {60}, {74}, {38}, {45}, {46}, {79}, {82}, {97},

{104}, {105}, {110}, {111}, {116}};

U/Ind ($T-\{T_1\}$) = {{34, 93}, {28, 87}, {2}, {19}, {61}, {78}, {35, 94}, {12, 71}, {48, 107}, {47, 106}, {26, 85}, {7, 66}, {43, 50, 102, 109}, {39, 98}, {56, 115}, {11, 70}, {4, 9, 30}, {41, 63, 68}, {89, 100, 6}, {65, 13, 72}, {22, 53, 81, 112}, {40, 99}, {18}, {27}, {33}, {44}, {59}, {77}, {86}, {92}, {103}, {21, 29, 80, 88}, {3, 5, 62, 64}, {42}, {101}, {24, 31, 36}, {54, 83, 90, 95, 113, 10}, {16}, {25}, {32}, {37,} {69, 75, 84, 91, 96, 1}, {15}, {17}, {58}, {60}, {74}, {76}, {49}, {108}, {8, 14, 20, 23, 38, 45, 46}, {51}, {52}, {55}, {57}, {67}, {73}, {79}, {82}, {97}, {104}, {105}, {110}, {111}, {114}, {116}};

U/Ind($T-\{T_2\}$) = {{11, 70}, {7, 66}, {12, 71}, {48, 107}, {4, 10, 63, 69}, {6, 58, 65}, {13, 72}, {55, 114}, {34, 93}, {47, 106}, {26, 85}, {28, 87}, {2, 19, 61, 78}, {18, 27}, {33, 44}, {59, 77, 86, 92}, {103}, {21, 29}, {35, 43}, {50, 80, 88}, {94, 102, 109}, {39, 98}, {56, 115}, {3, 5, 62, 64}, {42, 101}, {24, 31, 36}, {54, 83, 90, 95, 113}, {9, 16}, {110}, {111}, {116}, {25, 30}, {32}, {37}, {41}, {68}, {75}, {84}, {89}, {91}, {96}, {100}, {1, 15, 17, 60, 74, 76}, {49, 108}, {22}, {53}, {81}, {112}, {8, 14, 20, 23, 38, 40}, {45}, {46}, {51}, {52}, {57}, {67}, {73}, {79}, {82}, {97}, {99}, {104}, {105}};

U/Ind ($T-\{T_3\}$) = {{11, 70}, {12, 71}, {48, 107}, {7, 13, 66, 72}, {4, 63}, {6, 65}, {10, 69}, {55, 58}, {114}, {28, 87}, {2, 19, 34, 61}, {78, 93}, {35, 94}, {39, 98}, {56, 115}, {9, 22}, {30, 41}, {43, 47, 50, 53}, {68, 81, 89, 100}, {102}, {106}, {109, 112}, {26, 40, 85, 99}, {3, 5, 62, 64}, {42, 101}, {18, 24, 27, 31, 33, 36}, {44}, {49}, {54}, {59}, {77}, {83, 86, 90, 92}, {95, 103, 108, 113}, {16, 21, 25, 29, 32, 37, 75}, {80}, {84}, {88}, {91}, {96}, {1, 8, 14, 15, 17, 20}, {23, 38, 45, 46, 51, 52, 57}, {60}, {67}, {73}, {74}, {76}, {79}, {82}, {97}, {104}, {105}, {110}, {111}, {116}};

U/Ind ($T-\{T_4\}$) = {{11, 70}, {12, 71}, {48, 107}, {7, 66}, {4, 63}, {6, 65}, {13, 72}, {10, 69}, {58}, {55, 114}, {34, 93}, {28, 87}, {2, 19, 61, 78}, {35, 94}, {47, 106}, {26, 85}, {50, 102, 109}, {39, 98}, {56, 115}, {9}, {30}, {41}, {68}, {89}, {100}, {76}, {8}, {14}, {20}, {23}, {22, 53, 81, 112} {40, 99, 43}, {18}, {27}, {33},

{44}，{59}，{77，86，92，103}，{51}，{52}，{57}，{67}，{73}，{21，29，80，88}，{3，5，62，64}，{49，108，101}，{24}，{31}，{36}，{54}，{83}，{90}，{95}，{1}，{13}，{16，25，32，37，75，84}，{42，91，96}，{1}，{15}，{17}，{60}，{74}，{38}，{45}，{46}，{79}，{82}，{97}，{104}，{105}，{110}，{111}，{116}}；

$U/\mathrm{Ind}(T-\{T_5\})$ = {{11，70}，{12，71}，{48，107}，{7，66}，{4，63}，{6，65}，{13，72}，{10，69}，{58}，{55，114}，{34，93}，{2，19，28}，{61，78，87}，{35，94}，{47，106，26，85}，{43，50，102，109}，{56}，{115}，{9，30，39}，{37，62，64，75，84}，{41，68，89}，{98，100，22，53，81}，{112}，{8，14，20，23，38，45}，{40}，{99}，{18，27，33}，{44，59，77}，{86}，{92}，{103}，{21，29，80，88，42，101}{24，31，36，54，83}，{90}，{95}，{113}，{3，5，16，25，32}，{91，96，1，15，17}，{60，74，76，49，108}，{46}，{51}，{52}，{57}，{67}，{73}，{79}，{82}，{97}，{104}，{105}，{110}，{111}，{116}}。

计算结果可得：

$U/\mathrm{Ind}(T)=U/\mathrm{Ind}(T-\{T_4\})\neq U/\mathrm{Ind}(T-\{T_1\})\neq U/\mathrm{Ind}(T-\{T_2\})\neq U/\mathrm{Ind}(T-\{T_3\})\neq U/\mathrm{Ind}(T-\{T_5\})$，根据定义 4，创新理念体现（$T_4$）是冗余因素，应当剔除。核心技术资源（$T_1$），设施质量保证体系（$T_2$），人均居住面积（$T_3$），设施设计人文关怀度（$T_5$）四个指标是必要因素，均保留。

B 社会资本方选择指标因素依赖度计算

重要度是指该属性的有无对知识系统中分类情况的影响，如果去除该属性后集合 R 的分类变化情况较大，证明该属性的重要程度较大；反之，则说明重要度较低。

根据公式（4-2）计算为：

$$u_{T_1}=\mathrm{sig}_{T_1}(T_1)=1-\frac{|T\cup\{T_1\}|}{|T_1|}$$

$$=1-\frac{1^2\times44+2^2\times16+3^2\times4+4^2\times4+6^2\times2}{1^2\times36+2^2\times11+3^2\times8+4^2\times2+6^2\times2+7^2\times2}=0.145$$

$$u_{T_2}=\mathrm{sig}_{T_2}(T_2)=1-\frac{|T\cup\{T_2\}|}{|T_2|}$$

$$=1-\frac{1^2\times44+2^2\times16+3^2\times4+4^2\times4+6^2\times2}{1^2\times26+2^2\times20+3^2\times4+4^2\times4+5^2\times2+6^2\times2}=0.119$$

$$u_{T_3}=\mathrm{sig}_{T_3}(T_3)=1-\frac{|T\cup\{T_3\}|}{|T_3|}$$

$$=1-\frac{1^2\times44+2^2\times16+3^2\times4+4^2\times4+6^2\times2}{1^2\times26+2^2\times16+4^2\times8+6^2\times2+7^2\times2}=0.277$$

$$u_{T_4} = \mathrm{sig}_{T_4}(T_4) = 1 - \frac{|T \cup \{T_4\}|}{|T_4|}$$

$$= 1 - \frac{1^2 \times 44 + 2^2 \times 16 + 3^2 \times 4 + 4^2 \times 4 + 6^2 \times 2}{1^2 \times 44 + 2^2 \times 16 + 3^2 \times 4 + 4^2 \times 4 + 6^2 \times 2} = 0$$

$$u_{T_5} = \mathrm{sig}_{T_5}(T_5) = 1 - \frac{|T \cup \{T_5\}|}{|T_5|}$$

$$= 1 - \frac{1^2 \times 44 + 2^2 \times 16 + 3^2 \times 4 + 4^2 \times 4 + 6^2 \times 2}{1^2 \times 26 + 2^2 \times 11 + 3^2 \times 6 + 4^2 \times 2 + 5^2 \times 6 + 6^2 \times 2} = 0.262$$

C 社会资本方选择指标因素偏离度确定

偏离度是指该指标在指标体系中的偏离情况，偏离度大证明指标是冗余指标。计算评价指标的权重大小及偏离程度 D_i。根据公式（4-3）和式（4-4），主观权重计算结果为：

$$\lambda_{T_1} = \frac{u_{T_1}}{\sum_{i=1}^{r} u_{T_1}} = \frac{0.145}{0.803} = 0.181$$

$$\lambda_{T_2} = \frac{u_{T_2}}{\sum_{i=1}^{r} u_{T_2}} = \frac{0.119}{0.803} = 0.148$$

$$\lambda_{T_3} = \frac{u_{T_3}}{\sum_{i=1}^{r} u_{T_3}} = \frac{0.277}{0.803} = 0.345$$

$$\lambda_{T_4} = \frac{u_{T_4}}{\sum_{i=1}^{r} u_{T_{24}}} = \frac{0}{0.803} = 0$$

$$\lambda_{T_5} = \frac{u_{T_5}}{\sum_{i=1}^{r} u_{T_5}} = \frac{0.262}{0.803} = 0.326$$

偏离度计算结果为：

$$D_{T_1} = \frac{\lambda_{\max} - \lambda_{T_1}}{\lambda_{\max}} \times 100\% = \frac{0.345 - 0.181}{0.345} = 47.54\%$$

$$D_{T_2} = \frac{\lambda_{\max} - \lambda_{T_2}}{\lambda_{\max}} \times 100\% = \frac{0.345 - 0.148}{0.345} = 57.10\%$$

$$D_{T_3} = \frac{\lambda_{\max} - \lambda_{T_3}}{\lambda_{\max}} \times 100\% = \frac{0.345 - 0.345}{0.345} = 0$$

$$D_{T_4} = \frac{\lambda_{\max} - \lambda_{T_4}}{\lambda_{\max}} \times 100\% = \frac{0.345 - 0}{0.345} = 100\%$$

$$D_{T_5} = \frac{\lambda_{\max} - \lambda_{T_5}}{\lambda_{\max}} \times 100\% = \frac{0.345 - 0.326}{0.345} = 5.51\%$$

D 各指标维度计算结果

最终养老 PPP 项目社会资本方选择指标体系的各重要度、权重、偏离度见表 4-7。

表 4-7 养老 PPP 项目社会资本方选择指标体系计算结果

维度	对应指标	指标重要度	权重	指标偏离度/%
财务经验	资金实力	0.311	0.356	0
	融资能力及融资方案	0.237	0.271	23.79
	获得担保的能力	0.007	0.008	97.75
	收益方案合理性	0.174	0.199	44.05
	财务风险方案	0.066	0.076	78.78
	债务与股权的比例	0.078	0.089	74.92
设施技术	核心技术资源	0.145	0.181	47.54
	设施质量保证体系	0.119	0.148	57.10
	人均居住面积	0.277	0.345	0
	创新理念体现	0	0	100
	设施设计人文关怀度	0.262	0.326	5.51
运营管理	安全健康及环境管理能力（HSE）	0.214	0.237	22.74
	专业护理人员资质	0.277	0.307	0
	健康档案管理制度	0.057	0.063	79.42
	组织结构与文化	0	0	100.00
	运营维护能力	0.139	0.154	49.82
	护工与老人比例	0	0	100.00
	协调沟通能力	0.092	0.102	66.79
	移交方案的合理性	0.124	0.137	55.23
服务水平	风险管理能力	0	0	100.00
	日常生活照料服务能力	0.314	0.323	0
	医疗救助及保健能力	0.209	0.215	33.44
	环境卫生服务能力	0.158	0.162	49.68
	精神慰藉服务能力	0.214	0.220	31.85
	休闲文娱服务能力	0.063	0.065	79.94
	公共安全保护能力	0.015	0.015	95.22

续表 4-7

维度	对应指标	指标重要度	权重	指标偏离度/%
信誉水平	历史项目合同履约率	0.380	0.391	0
	历史投诉率	0.283	0.219	25.44
	商业信用	0.222	0.172	41.51
	社会信誉	0.380	0.391	0
	保险措施	0.026	0.020	93.15
类似经验	建设运营养老项目的规模	0.022	0.026	93.27
	建设运营养老项目的数量	0.327	0.391	0
	已有养老项目的用户满意度	0.092	0.110	71.87
	具备医养结合运营经验	0.137	0.164	58.10
	具备定点医保资格	0.259	0.309	20.80

4.4.4.5 优化后的社会资本方选择指标体系

通过对养老 PPP 项目社会资本方选择指标体系的各重要度、权重、偏离度的计算，认为“获得担保的能力”等 8 项因素的偏离度高于 90%，为冗余指标，在指标优化中需要去除。优化后的最终指标共分为 6 个维度共 28 项指标，指标体系见表 4-8，该指标体系能够科学反应养老 PPP 项目社会资本方选择的主要考察内容。

表 4-8 优化后的养老 PPP 项目社会资本方选择指标体系

目标	指标维度	对应指标
养老 PPP 项目社会资本方选择	财务经验	资金实力
		融资能力及融资方案
		收益方案合理性
		财务风险方案
		债务与股权的比例
	设施技术	核心技术资源
		设施质量保证体系
		人均居住面积
		设施设计人文关怀度
	运营管理	安全健康及环境管理能力（HSE）
		专业护理人员资质
		健康档案管理制度
		运营维护能力
		协调沟通能力
		移交方案的合理性

续表 4-8

目标	指标维度	对应指标
养老 PPP 项目社会资本方选择	服务水平	日常生活照料服务能力
		医疗救助及保健能力
		环境卫生服务能力
		精神慰藉服务能力
		休闲文娱服务能力
	信誉水平	历史项目合同履约率
		历史投诉率
		商业信用
		社会信誉
	类似经验	建设运营养老项目的数量
		已有养老项目的用户满意度
		具备医养结合运营经验
		具备定点医保资格

4.5 养老 PPP 项目社会资本方选择模型构建

4.5.1 社会资本方选择模型构建思路

指标体系建立完成后将采用适合养老 PPP 项目的评价方法建立评价模型，选择最优社会资本方。社会资本方选择是一个复杂的多准则决策问题，可描述为：决策专家采用统一的指标体系、统一的评价标准对多个参与竞争投标的社会资本方的表现进行打分，通过综合评价结果选出优秀的投标者作为建立长期伙伴关系的合作伙伴。建立评价模型的关键点在于两个方面：一是对指标体系中各指标的重要程度进行评价，确定指标权重；二是选择科学适用的方法对备选社会资本方进行排序，选择最优的社会资本方。社会资本方选择思路如图 4-7 所示，主要思路如下：

(1) 确定综合权重。将指标体系中的指标分为定性指标和定量指标两类，定性指标的权重值为主观权重，根据第 3 章中粗糙集的权重计算结果获得；定量指标的权重值为客观权重，采用熵权法进行确定，整理后得到各指标的综合权重。

(2) 对各备选社会资本方排序。选定行业专家，采用三角模糊数对各备选社会资本方的定性指标打分，定量指标分值来自客观数据，结合 VIKOR 方法对社会资本方排序，选取最优社会资本方。

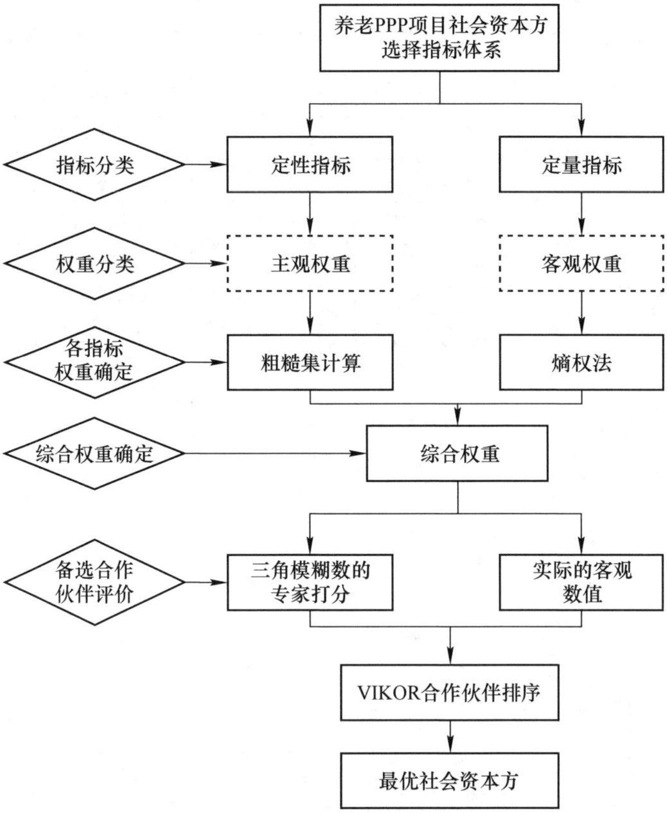

图 4-7 项目社会资本方选择模型构建步骤

4.5.2 指标分析及分类

本书构建的养老 PPP 项目社会资本方选择的指标体系，包含 6 个维度 28 个指标。定义指标维度为一级指标，维度下的各种属性为二级指标，首先对各指标进行编号，见表 4-9。

指标分为定量、定性指标两类，其中 B_{11}资金实力、B_{13}收益方案合理性、B_{15}债务与股权的比例、B_{23}人均居住面积、B_{51}历史项目合同履约率、B_{52}历史投诉率、B_{61}建设运营养老项目的数量共 7 个指标为定量指标，可以从企业资料中的客观数据获取。剩下的 21 个指标为定性指标，需要专业人员分析企业的实现程度得到。

进一步的，定义在评价体系中，权值越小越优的指标为成本型指标，权值越大越好的指标为效益型指标，则 B_{15}债务与股权的比例、B_{52}历史投诉率两个指标为成本型指标，其他 26 个指标为效益型指标，具体结果见表 4-9。

表 4-9 养老 PPP 项目社会资本方选择指标属性编号及特征

一级指标	二级指标	指标性质	指标类型
财务经验 A_1	资金实力 B_{11}	定量指标	效益型
	融资能力及融资方案 B_{12}	定性指标	效益型
	收益方案合理性 B_{13}	定量指标	效益型
	财务风险方案 B_{14}	定性指标	效益型
	债务与股权的比例 B_{15}	定量指标	成本型
设施技术 A_2	核心技术资源 B_{21}	定性指标	效益型
	设施质量保证体系 B_{22}	定性指标	效益型
	人均居住面积 B_{23}	定量指标	效益型
	设施设计人文关怀度 B_{24}	定性指标	效益型
运营管理 A_3	安全健康及环境管理能力 B_{31}	定性指标	效益型
	专业护理人员资质 B_{32}	定性指标	效益型
	健康档案管理制度 B_{33}	定性指标	效益型
	运营维护能力 B_{34}	定性指标	效益型
	协调沟通能力 B_{35}	定性指标	效益型
	移交方案的合理性 B_{36}	定性指标	效益型
服务水平 A_4	日常生活照料服务能力 B_{41}	定性指标	效益型
	医疗救助及保健能力 B_{42}	定性指标	效益型
	环境卫生服务能力 B_{43}	定性指标	效益型
	精神慰藉服务能力 B_{44}	定性指标	效益型
	休闲文娱服务能力 B_{45}	定性指标	效益型
信誉水平 A_5	历史项目合同履约率 B_{51}	定量指标	效益型
	历史投诉率 B_{52}	定量指标	成本型
	商业信用 B_{53}	定性指标	效益型
	社会信誉 B_{54}	定性指标	效益型
类似经验 A_6	建设运营养老项目的数量 B_{61}	定量指标	效益型
	已有养老项目的用户满意度 B_{62}	定性指标	效益型
	具备医养结合运营经验 B_{63}	定性指标	效益型
	具备定点医保资格 B_{64}	定性指标	效益型

4.5.3 养老 PPP 项目社会资本方选择指标权重确定

权重的确定需要采用便捷的方法保证结果的可操作性。在指标体系的优化计算中，本研究通过粗糙集计算得到了指标体系中各权重计算结果。该计算结果来自发放调查问卷的结果统计，是被调查人的主观评价，因此计算结果为主观权重值。

考虑到本书中既有定量指标又有定性指标，而根据粗糙集方法得到的主观权重具有一定的局限性，因此采用熵权法对定量指标计算客观权重，采用主客观权重组合的方式，得到综合权重。

4.5.3.1　主观权重确定

由于前期计算只用到二级指标的计算结果，根据调查问卷中关于一级指标的调查结果，由公式（4-2）和式（4-3）计算一级指标权重。

$$u_{A_1} = 1 - \frac{1^2 \times 88 + 2^2 \times 6 + 3^2 \times 4 + 4^2 \times 1}{1^2 \times 77 + 2^2 \times 7 + 3^2 \times 5 + 4^2 \times 1 + 6^2 \times 1} = 0.188 \qquad \lambda_{A_1} = \frac{0}{0.870} = 0.216$$

$$u_{A_2} = 1 - \frac{1^2 \times 88 + 2^2 \times 6 + 3^2 \times 4 + 4^2 \times 1}{1^2 \times 80 + 2^2 \times 9 + 3^2 \times 2 + 4^2 \times 3} = 0.099 \qquad \lambda_{A_2} = \frac{0.145}{0.870} = 0.114$$

$$u_{A_3} = 1 - \frac{1^2 \times 88 + 2^2 \times 6 + 3^2 \times 4 + 4^2 \times 1}{1^2 \times 71 + 2^2 \times 11 + 3^2 \times 5 + 4^2 \times 2} = 0.145 \qquad \lambda_{A_3} = \frac{0.119}{0.870} = 0.167$$

$$u_{A_4} = 1 - \frac{1^2 \times 88 + 2^2 \times 6 + 3^2 \times 4 + 4^2 \times 1}{1^2 \times 73 + 2^2 \times 10 + 4^2 \times 4 + 6^2 \times 2} = 0.184 \qquad \lambda_{A_4} = \frac{0.277}{0.870} = 0.211$$

$$u_{A_5} = 1 - \frac{1^2 \times 88 + 2^2 \times 6 + 3^2 \times 4 + 4^2 \times 1}{1^2 \times 79 + 2^2 \times 8 + 3^2 \times 3 + 4^2 \times 3} = 0.136 \qquad \lambda_{A_5} = \frac{0.262}{0.870} = 0.156$$

$$u_{A_6} = 1 - \frac{1^2 \times 88 + 2^2 \times 6 + 3^2 \times 4 + 4^2 \times 1}{1^2 \times 73 + 2^2 \times 10 + 3^2 \times 5 + 4^2 \times 2} = 0.118 \qquad \lambda_{A_6} = \frac{0.262}{0.870} = 0.136$$

根据表 4-7 中二级指标的主观权重，最终各指标主观权重为：

$$w_{xy}^{z} = \lambda_{B_{xy}} \times \lambda_{A_x} \quad (x = 1, 2, \cdots, m; y = 1, 2, \cdots, n) \tag{4-5}$$

归一化处理得：

$$W_{xy}^{z} = \frac{w_{xy}^{z}}{\sum_{x=1}^{m} \sum_{y=1}^{n} w_{xy}^{z}}，且 \sum W_{xy}^{z} = 1 \tag{4-6}$$

4.5.3.2　客观权重确定

A　熵权法介绍

熵权法是通过各指标初始信息的大小来进行赋权的方法。熵权法理论具有客观的科学性，原理是把各评价对象的信息指标进行定量化再综合赋权。熵权法适应性强，在实际操作中十分简便，可以通过公式推导计算结果，对于处理定量指标权重十分有效。因此，在定量指标的权重确定过程中使用熵权法会更加合理有效。

关于熵权法中熵的定义为：熵是指不确定性度量，如果用 P_j 表示的 j 个信息不确定性大小，则整个信息（设有 n 个）的不确定大小可以用公式表示为：

$$S = -K\sum_{j=1}^{n} P_j \ln(P_j) \tag{4-7}$$

B 客观权重计算步骤

采用熵权法计算定量指标的客观权重。设有 q 个备选社会资本方合作伙伴组成的方案集 $H = \{H_1, H_2, \cdots, H_q\}$；定量指标组成的集合 $B' = \{B'_1, B'_2, \cdots, B'_p\}$，共有 p 个定量评价指标。

令 l_{ij} 为第 j 个方案关于定量指标 i 的观测值，$i = 1, 2, \cdots, p$；$j = 1, 2, \cdots, q$。定义：

$$L = [l_{ij}],\ L_i = \sum_{j=1}^{q} l_{ij} \quad (i = 1, 2, \cdots, p;\ j = 1, 2, \cdots, q) \tag{4-8}$$

由于定量指标数据存在不同量纲，需要进行无量纲化处理。对于精确数定量指标属性值 l_{ij}，采用规范化处理方法为：

$$\widetilde{l_{ij}} = l_{ij} / \sum_{j=1}^{q} l_{ij} \quad (j = 1, 2, \cdots, q) \tag{4-9}$$

无量纲处理后，计算指标 B'_i 的熵值为：

$$e_i = -\frac{1}{\ln q}\sum_{j=1}^{q} \frac{l_{ij}}{L_i}\ln\frac{l_{ij}}{L_i} \quad (e_i \geqslant 0) \tag{4-10}$$

则指标 B'_i 的客观权重为：

$$\lambda_i = \frac{1 - e_i}{p - \sum_{i=1}^{p} e_i} \quad (0 \leqslant \lambda_{ij} \leqslant 1,\ \sum_{i=1}^{p} \lambda_i = 1) \tag{4-11}$$

计算所有指标的综合客观权重。对于定量指标 B'_i（$i = 1, 2, \cdots, p$）定义：

$$\tau_{B'_i} = \frac{W_i^z}{\sum_{i=1}^{p} W_i^z} \tag{4-12}$$

式中，W_i^z 为定量指标对应的主观权重值；定义 W_{xy}^{dl} 为定量指标综合权重，W_{xy}^{dx} 为定性指标的权重。

定量指标 B'_i 的综合客观权重为：

$$W_{xy}^{dl} = \left[\frac{\lambda_i \times \tau_{B'_i}}{\sum_{i=1}^{p} (\lambda_i \times \tau_{B'_i})}\right] \times \left(\sum_{i=1}^{p} W_i^z\right) \tag{4-13}$$

4.5.3.3 确定指标综合权重

基于以上分析，所有二级指标 B_i 的综合权重计算为：

$$\omega_i = \begin{cases} W_{xy}^{dl}, & i = 1, 2, \cdots, p \\ W_{xy}^{dx}, & i = 1, 2, \cdots, t \end{cases} \quad (\text{其中，} p + t = 28) \tag{4-14}$$

最终权重向量为 $\boldsymbol{W} = (\omega_1, \omega_2, \cdots, \omega_s)^{\mathrm{T}}$。

4.5.4 养老PPP项目社会资本方选择模型求解步骤

4.5.4.1 社会资本方选择方法比选

在现有研究中，常用方法为TOPSIS法和VIKOR法，下面对两种方法进行比选。

A VIKOR算法

VIKOR是20世纪末Opricovic提出的决策方法，它属于基于理想解的最优妥协解决策方法。VIKOR方法原理为：计算各指标正负理想解、备选方案与正负理想解之间的距离，通过接近程度判断备选方案是否符合要求并排序。其中，正理想解为所有备选方案中各指标的最大值，负理想解为所有备选方案中各指标的最小值。VIKOR通过折中计算法，计算最大的"群体效益值"和最反对的"个别遗憾值"得到最终妥协解。

VIKOR的定义为：J个不同的方案用A_1，A_2，…，A_j表示，方案A_j在第i个准则下的评价值为f_{ij}，由计算公式为：

$$L_{Pj}=\left\{\sum_{i=1}^{n}\left[W_i(f_i^*-f_{ij})/(f_i^*-f_i^-\right]^p\right\}^{1/p} \tag{4-15}$$

其中，$1\leqslant p\leqslant\infty$，$j=1, 2, \cdots, m$，测度$L_{Pj}$代表了方案$A_j$到理想解的距离。VIKOR的妥协解$F^C$可用图4-8表示，是所有解中最接近最优解$F^*$的解，它是两准则（$f_1^*$，$f_2^*$）相互妥协的结果，相应的妥协量分别为$f_1^*-f_1^C$和$f_2^*-f_2^C$。

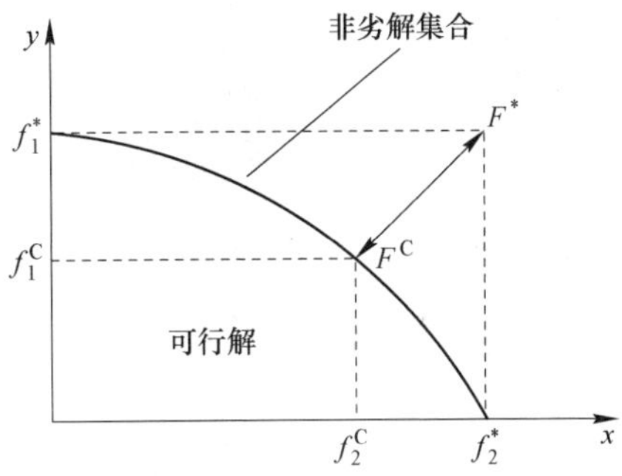

图4-8 VIKOR的妥协解

B TOPSIS算法

TOPSIS法又称为逼近理想解排序，由C. L. Hwang和K. Yoon提出。它是一种多准则决策方法，原理是：对比各备选方案与其正、负理想解之间的距离，备选方案中靠近正理想解的同时，也距离负理想解较远的方案即为最优方案。TOPSIS法可以对备选方案排序，该方法简单易操作，只要定义好属性空间内的距离测度，就能够计算正负理想解的距离；但该方法没有意识到两理想解之间的相对重要性，计算结果也不一定是最优方案。

C 比较

VIKOR与TOPSIS不同的地方在于VIKOR采用的是折中原则计算，更能充分反映决策者的意愿，而TOPSIS法则忽视了相对重要性的作用。从另一个角度来说，TOPSIS方法适合善于规避风险的决策者，而VIKOR更适用于解决最大化效益问题。因此通过VIKOR得到的最好方案总是最接近理想方案。

在已有研究中，VIKOR法被运用于供应商选择和联合体合作伙伴选择等领域，对于本研究有较好的适用性。

4.5.4.2 指标评价值确定

在社会资本方选择过程中，对于备选社会资本方的定性指标评价值，由于无法通过客观数据获取，需要通过专家的评审得到评价值。本研究采用三角模糊数对备选社会资本方的定性指标进行评价。三角模糊数方法是在区间数的基础上，进一步避免误差而产生的属性值确认方法。三角模糊数的定义如下：

设 X 为论域，$\mu g(x)$ 表示 X 到区间［0，1］上的函数，称 $\mu g(x)$ 确定了一个 X 上的模糊集合 g，记 $g = \{\mu g(x) \mid x \in X\}$，并称 $\mu g(x)$ 为对 g 的隶属度函数。

若 $g = (a,\ b,\ c)$，其中 $0 < a \leqslant b \leqslant c(a,\ b,\ c \in \boldsymbol{R})$，则称 g 为一个三角模糊数。其隶属度函数可表示为：

$$\begin{cases} 0 & (x \leqslant a) \\ \dfrac{x-a}{b-a} & (a < x \leqslant b) \\ \dfrac{c-x}{c-b} & (b < x \leqslant c) \\ 0 & (x > c) \end{cases} \tag{4-16}$$

如图 4-9 所示，当 $x = b$ 时，$\mu g(x)$ 达到最大值，当 $x = a$ 或 $x = c$ 时，$\mu g(x)$ 达到最小值。a，c 分别为 g 所支持的上界和下界，b 为 g 的中值。

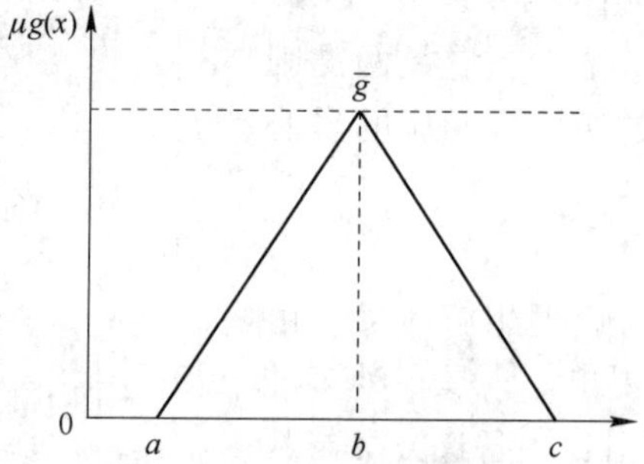

图 4-9 三角模糊数

对任意的三角模糊数 $g_1 = (a_1,\ b_1,\ c_1)$，$g_2 = (a_2,\ b_2,\ c_2)$ 和任意的正实数 k，用 ⊕、⊗、/ 分别表示三角模糊数的加法、乘法和除法。运算法则如下：

$$\begin{cases} g_1 \oplus g_2 = (a_1 + a_2,\ b_1 + b_2,\ c_1 + c_2) \\ g_1 \otimes g_2 = (a_1 \times a_2,\ b_1 \times b_2,\ c_1 \times c_2) \\ \dfrac{g_1}{g_2} = \left(\dfrac{a_1}{a_2},\ \dfrac{b_1}{b_2},\ \dfrac{c_1}{c_2}\right) \\ K \otimes g_2 = (Ka_2,\ Kb_2,\ Kc_2) \\ K/g_2 = (K/a_2,\ K/b_2,\ K/c_2) \end{cases} \tag{4-17}$$

定性指标评价值确认方法为：设有 q 个备选社会资本方合作伙伴组成的方案集 $H=\{H_1, H_2, \cdots, H_q\}$；评价属性指标组成的集合 $B=\{B_1, B_2, \cdots, B_t\}$，共有 t 个定性评价指标；专家集 $Z=\{Z_1, Z_2, \cdots, Z_n\}$，共有 n 个专家组成。专家 Z_k 分别对每个备选合作伙伴 H_j 的定性指标 B_i 评价，可以得到初始的三角模糊评价矩阵 $g_{ijk}=\{(a_{ijk}, b_{ijk}, c_{ijk}) \mid i=1, 2, \cdots, t; j=1, 2, \cdots, p; k=1, 2, \cdots, n\}$。

备选社会资本方优劣与三角模糊数的对应关系，见表4-10。

表4-10 备选社会资本方优劣与三角模糊数的对应关系

备选社会资本方优劣	三角模糊数	备选社会资本方优劣	三角模糊数
很差	(0, 0, 0.2)	略好	(0.6, 0.7, 0.8)
差	(0, 0.1, 0.3)	好	(0.7, 0.8, 0.9)
略差	(0.1, 0.2, 0.4)	很好	(0.8, 0.9, 1)
中等	(0.3, 0.5, 0.7)	非常好	(0.9, 1, 1)

根据三角模糊数的概念，采用公式（4-18）对 n 个专家决策者的决策结果进行集结，每个指标的决策矩阵三角模糊数计算为：

$$\begin{cases} a_{ij} = \min_k\{a_{ijk}\} \\ b_{ij} = \dfrac{1}{k}\sum\limits_{k=1}^{n} b_{ijk} \\ c_{ij} = \max_k\{c_{ijk}\} \end{cases} \tag{4-18}$$

将一级指标的决策矩阵解模糊化。因为 $\widetilde{g_{ij}}=(\tilde{a}_{ij}, \tilde{b}_{ij}, \tilde{c}_{ij})$ 是三角模糊数，通过均值面积法进行解模糊化处理。

$$f_{ij} = \frac{a_{ij} + 2b_{ij} + c_{ij}}{4} \tag{4-19}$$

4.5.4.3 基于VIKOR方法的社会资本方选择

（1）建立初始决策矩阵。初始决策矩阵分为真实客观数据组成的定量指标和专家通过三角模糊数打分得到的定性指标，将所有指标及评价结果集结并建立矩阵：

$$\boldsymbol{A} = (a_{ij})_{s\times q} = \begin{bmatrix} a_{11} & a_{12} & \cdots & a_{1q} \\ a_{21} & a_{22} & \cdots & a_{2q} \\ \vdots & \vdots & \vdots & \vdots \\ a_{s1} & a_{s2} & \cdots & a_{sq} \end{bmatrix} \tag{4-20}$$

（2）规范化初始决策矩阵。由于定量指标的量纲单位有所不同，需要进行无量纲化处理。对于精确数定量指标属性值 b_{ij}，下面采用向量规范化处理方法计算。

对效益型指标 I_1：

$$\widetilde{D_{ij}} = d_{ij}/\max_j d_{ij} \quad j \in I_1 \tag{4-21}$$

对成本型指标 I_2：

$$\widetilde{D_{ij}} = \min_j d_{ij}/d_{ij} \quad j \in I_2 \tag{4-22}$$

对于定性指标的三角模糊数，由公式（4-19）进行解模糊化处理，规范后的评价矩阵为：

$$\boldsymbol{D} = (d_{ij})_{s\times q} = \begin{bmatrix} d_{11} & d_{12} & \cdots & d_{1q} \\ d_{21} & d_{22} & \cdots & d_{2q} \\ \vdots & \vdots & \vdots & \vdots \\ d_{s1} & d_{s2} & \cdots & d_{sq} \end{bmatrix} \tag{4-23}$$

（3）建立加权规范化评价决策矩阵：

$$\boldsymbol{F} = \omega_j \ (f_{ij})_{s\times q} = \begin{bmatrix} \omega_1 d_{11} & \omega_1 d_{12} & \cdots & \omega_1 d_{1q} \\ \omega_2 d_{21} & \omega_2 d_{22} & \cdots & \omega_2 d_{2q} \\ \vdots & \vdots & \vdots & \vdots \\ \omega_s d_{s1} & \omega_s d_{s2} & \cdots & \omega_s d_{sq} \end{bmatrix} \tag{4-24}$$

（4）计算各评价指标的正理想解、负理想解，设 F^* 为最优理想解，F^- 为最劣理想解，则：

$$F^* = f_{ij}^* = [(\max_j f_{ij} \mid j \in I_1),\ (\min_j f_{ij} \mid j \in I_2)] \tag{4-25}$$

$$F^- = f_{ij}^- = [(\min_j f_{ij} \mid j \in I_1),\ (max_j f_{ij} \mid j \in I_2)] \tag{4-26}$$

（5）计算各社会资本方的群体效益值（ S_i ）和个别遗憾值（ R_i ）。

$$S_i = \sum_{j=1}^{p} \omega_j (f_{ij}^* - f_{ij}) / (f_{ij}^* - f_{ij}^-) \tag{4-27}$$

$$R_i = \max_j \left[\frac{\omega_j (f_{ij}^* - f_{ij})}{(f_{ij}^* - f_{ij}^-)} \right] \tag{4-28}$$

式中，ω_j 为第 j 个指标的权重，S_i 值越小则群体效益越大，R_i 值越小则个别遗憾越小。

（6）计算各备选社会资本方的综合指标值 Q_i。

$$Q_i = \frac{v(S_i - S^-)}{S^* - S^-} + \frac{(1-v)(R_i - R^-)}{R^* - R^-} \tag{4-29}$$

其中，$S^- = \min_i S_i$；$S^* = \max_i S_i$；$R^- = \min_i R_i$；$R^* = \max_i R_i$；v 表示的是群效用参数，若 v 大于 0.5，则表示侧重决策依据是最大化群体效益；若 v 等于 0.5，则表示根据折中的方式来制定决策；若 v 小于 0.5，则表示侧重决策依据是最小化个别遗憾值。本书中，VIKOR 设定为 0.5，即均衡折中方式。

(7) 根据 Q_i、S_i、R_i，分别对社会资本方的能力进行排序。取值越小的社会资本方越优，如果结果不直观，按照 Q_i 值大小排列，但必须满足以下两个条件。

条件1：$Q^a - Q^b \geqslant \frac{1}{m-1}$（其中 Q^b 是排序中最优的社会资本方，Q^a 是排序中次优的社会资本方，m 为竞争者数目）。

条件2：排序第一社会资本方的 S 值或 R 值比第二的 S 值或 R 值小。

当有数个竞争者时，按照排序顺序依次比较社会资本方之间是否符合这两个条件。

评判准则：当排序前两名的候选社会资本方同时满足这两个条件时，排序第一名的候选社会资本方中选为最佳合作伙伴；若条件2不满足，则前两名都为最佳合作伙伴；若条件1不满足，则选择不满足条件1的所有候选社会资本方为最佳合作伙伴。

4.5.5 案例分析

4.5.5.1 案例背景介绍

本研究选择我国某社会福利中心（以下简称“二福”）项目。该项目是我国第一个采用PPP模式建设的养老机构，项目总占地面积5649.2m^2，由地方发展改革委批复，于2016年主体建设完工，设置养老床位469张，室内外设施齐全。项目总投资为2.06亿元，其中政府投资已投入1.91亿元，剩余约1500万元由社会资本负责，社会资本占有养老机构100%的股权。项目约20%的床位接收基本养老服务保障对象，剩余床位面向社会老人，收费价格参照市场价格。

本项目采取PPP模式中的ROT模式运营，由政府负责项目投资建设，建成后通过公开招标的程序选择社会资本运营方，由社会资本运营方对“二福”进行维护，政府提供床位补贴。项目特许运营期为10年，特许期满后，社会资本运营方将全部固定资产设施设备和服务相关资料移交政府。

我国地方民政局为该项目采购人，2016年9月5日起项目发布资格预审公告，共有5家企业通过资格预审，分别为A养老机构管理有限公司、B地产有限公司、C老年事业投资有限公司、D老年养护中心和E养老产业投资管理有限公司。根据5家单位提供的投标方案，通过本研究制定的社会资本方选择方式对5家企业进行评价，得出最优社会资本方。

4.5.5.2 决策小组组成

根据财金〔2014〕113政策规定，伙伴评审工作需要通过专家组成评审小组的方式进行，评审小组由5人以上单数构成，因此本研究邀请5位专家组成专家组，其中两位来自政府部门、三位为行业专家，分别在财务、法律和咨询机构担任职务。专家组对项目及 PPP 项目的运作流程十分熟悉，具有一定的操作经验和知识储备。

定义 5 位专家编号为 Z_1，Z_2，Z_3，Z_4，Z_5，首先对指标体系和 5 家合作伙伴的进行评审，定义合作伙伴编号为：A 养老机构管理有限公司（H_1）、B 地产有限公司（H_2）、C 老年事业投资有限公司（H_3）、D 老年养护中心（H_4）和 E 养老产业投资管理有限公司（H_5）。

4.5.5.3 指标权重计算

首先，根据主观权重确定指标中一级指标的计算结果，与指标体系优化计算中二级指标的计算结果。由公式（4-5）和式（4-6）计算指标体系计算主观权重，见表 4-11。

表 4-11 养老 PPP 项目社会资本方选择主观权重 W_{xy}^z

二级指标	W_{xy}^z	二级指标	W_{xy}^z	二级指标	W_{xy}^z	二级指标	W_{xy}^z
B_{11}	0.076	B_{23}	0.039	B_{36}	0.022	B_{52}	0.034
B_{12}	0.057	B_{24}	0.036	B_{41}	0.067	B_{53}	0.026
B_{13}	0.042	B_{31}	0.039	B_{42}	0.045	B_{54}	0.060
B_{14}	0.016	B_{32}	0.050	B_{43}	0.034	B_{61}	0.052
B_{15}	0.019	B_{33}	0.010	B_{44}	0.046	B_{62}	0.015
B_{21}	0.020	B_{34}	0.025	B_{45}	0.013	B_{63}	0.022
B_{22}	0.017	B_{35}	0.017	B_{51}	0.060	B_{64}	0.041

其次计算指标体系的客观权重，首先确定各评价方案的客观观测值。提取出本研究的 7 个定量指标，分别为 B_{11}、B_{13}、B_{15}、B_{23}、B_{51}、B_{52}、B_{61} 进行数据收集，数据的来源见表 4-12。根据表 4-12 中提供的数据收集方式对相关数据进行整理，统计所得 5 个备选供应商的定量指标观测值见表 4-13。

表 4-12 定量指标的收集方式

二级指标	单位	数据来源
资金实力 B_{11}	元	考察企业总资产、注册资产，数据来自企业投标报告、财务报告
收益方案合理性 B_{13}	元/床	考察企业定价策略，数据来自企业投标报告、财务报告
债务与股权的比例 B_{15}	%	考察企业债权与所有者权益比，数据来自企业投标报告、财务报告
人均居住面积 B_{23}	m^2	数据来自网络调查、已有项目资料及投标报告
历史项目合同履约率 B_{51}	%	数据来自网络调查、已有项目资料及投标报告

续表 4-12

二级指标	单位	数据来源
历史投诉率 B_{52}	%	数据来自现场调研、已有项目资料及网络资料
建设运营养老项目的数量 B_{61}	个	要求企业具有超过 300 床位项目的经验，数据来自企业投标报告、网络资料

表 4-13　定量指标观测值

二级指标	H_1	H_2	H_3	H_4	H_5
B_{11}	1697	3000	5000	1990	3900
B_{13}	7600	7600	7580	7600	7600
B_{15}	27.12	21.89	13.51	37.26	19.65
B_{23}	29.7	49.4	44.5	35.7	24.5
B_{51}	85.0	100.0	91.7	93.3	88.0
B_{52}	4.20	2.25	1.15	6.08	3.75
B_{61}	8	9	13	3	3

根据公式（4-9）对定量指标进行无量纲处理，并通过公式（4-10）和式（4-11），计算每个一级指标下二级定量指标的熵值、客观权重。熵值、客观权重计算结果见表 4-14。

表 4-14　定量指标熵值、客观权重计算结果

二级指标	e_i	λ_i	二级指标	e_i	λ_i	二级指标	e_i	λ_i
B_{11}	0.9524	0.173	B_{23}	0.9804	0.071	B_{52}	0.9224	0.282
B_{13}	0.9956	0.016	B_{51}	0.9990	0.005	B_{61}	0.9089	0.331
B_{15}	0.9658	0.124						

根据公式（4-12）~式（4-14）得到指标最终权重，最终权重计算结果见表 4-15。

表 4-15　养老 PPP 项目社会资本方选择指标体系最终权重 ω_i

二级指标	ω_i	二级指标	ω_i	二级指标	ω_i	二级指标	ω_i
B_{11}	0.072	B_{15}	0.017	B_{24}	0.036	B_{34}	0.025
B_{12}	0.057	B_{21}	0.020	B_{31}	0.039	B_{35}	0.017
B_{13}	0.018	B_{22}	0.017	B_{32}	0.050	B_{36}	0.022
B_{14}	0.016	B_{23}	0.019	B_{33}	0.010	B_{41}	0.067

续表 4-15

二级指标	ω_i	二级指标	ω_i	二级指标	ω_i	二级指标	ω_i
B_{42}	0.045	B_{45}	0.013	B_{53}	0.026	B_{62}	0.015
B_{43}	0.034	B_{51}	0.008	B_{54}	0.060	B_{63}	0.022
B_{44}	0.046	B_{52}	0.067	B_{61}	0.121	B_{64}	0.041

因此，所得到的各指标的权重向量为：

$$\boldsymbol{W}=(0.072,\ 0.057,\ 0.018,\ 0.016,\ 0.017,\ 0.020,\ 0.017,\ 0.019,\ 0.036,\ 0.039,\ 0.050,\ 0.010,\ 0.025,\ 0.017,\ 0.022,\ 0.067,\ 0.045,\ 0.034,\ 0.046,\ 0.013,\ 0.008,\ 0.067,\ 0.026,\ 0.060,\ 0.121,\ 0.015,\ 0.022,\ 0.041)^{\mathrm{T}}$$

4.5.5.4 指标数据的收集整理

除定量指标外的剩余 21 项定性指标需要专家基于社会资本方 $H_1 \sim H_5$ 的表现给出评价值。根据社会资本方提供的投标资料和表 4-13 给出的对应关系对备选社会资本方进行打分，具体打分结果见附录 3。通过公式（4-18）的集结方法对打分结果进行整理，整理后的综合评价值见表 4-16。

表 4-16 定性指标备选方案的三角模糊数综合评价值

二级指标	H_1	H_2	H_3	H_4	H_5
B_{12}	(0.7, 0.86, 1.0)	(0.6, 0.78, 0.9)	(0.8, 0.98, 1.0)	(0.7, 0.92, 1.0)	(0.6, 0.76, 0.9)
B_{14}	(0.7, 0.9, 1.0)	(0.7, 0.88, 1.0)	(0.6, 0.78, 1.0)	(0.3, 0.74, 1.0)	(0.6, 0.78, 1.0)
B_{21}	(0.1, 0.54, 0.9)	(0.6, 0.74, 0.9)	(0.7, 0.88, 1.0)	(0.3, 0.66, 0.9)	(0.7, 0.88, 1.0)
B_{22}	(0.3, 0.6, 0.9)	(0.3, 0.64, 0.9)	(0.6, 0.84, 1.0)	(0.1, 0.48, 0.8)	(0.1, 0.3, 0.7)
B_{24}	(0.6, 0.8, 1.0)	(0.7, 0.88, 1.0)	(0.9, 1.0, 1.0)	(0.7, 0.86, 1.0)	(0.6, 0.82, 1.0)
B_{31}	(0.6, 0.82, 1.0)	(0.6, 0.78, 1.0)	(0.6, 0.84, 1.0)	(0.3, 0.7, 0.9)	(0.1, 0.52, 0.8)
B_{32}	(0.7, 0.9, 1.0)	(0.7, 0.92, 1.0)	(0.7, 0.96, 1.0)	(0.6, 0.92, 1.0)	(0.6, 0.9, 1.0)
B_{33}	(0.3, 0.72, 1.0)	(0.6, 0.78, 0.9)	(0.6, 0.76, 1.0)	(0, 0.36, 0.8)	(0.1, 0.42, 0.8)
B_{34}	(0.1, 0.54, 0.9)	(0.6, 0.8, 1.0)	(0.6, 0.74, 0.9)	(0.3, 0.64, 0.9)	(0.6, 0.74, 0.9)
B_{35}	(0.1, 0.6, 0.9)	(0.3, 0.7, 0.9)	(0.8, 0.92, 1.0)	(0.6, 0.82, 1.0)	(0.6, 0.84, 1.0)
B_{36}	(0.6, 0.82, 1.0)	(0.8, 0.96, 1.0)	(0.7, 0.94, 1.0)	(0.3, 0.64, 0.9)	(0, 0.4, 0.8)
B_{41}	(0.7, 0.92, 1.0)	(0.6, 0.76, 1.0)	(0.6, 0.86, 1.0)	(0.6, 0.84, 1.0)	(0.6, 0.78, 1.0)
B_{42}	(0.6, 0.76, 1.0)	(0.1, 0.46, 0.8)	(0.7, 0.92, 1.0)	(0.6, 0.9, 1.0)	(0.1, 0.44, 0.7)
B_{43}	(0.7, 0.9, 1.0)	(0.6, 0.74, 0.9)	(0.8, 0.92, 1.0)	(0.3, 0.74, 1.0)	(0.7, 0.86, 1.0)

续表 4-16

二级指标	H_1	H_2	H_3	H_4	H_5
B_{44}	(0.7, 0.92, 1.0)	(0.6, 0.82, 1.0)	(0.8, 0.96, 1.0)	(0.8, 0.96, 1.0)	(0.7, 0.84, 1.0)
B_{45}	(0.3, 0.72, 1.0)	(0.7, 0.88, 1.0)	(0.3, 0.64, 0.9)	(0, 0.36, 0.7)	(0.6, 0.84, 1.0)
B_{53}	(0.7, 0.8, 0.9)	(0.7, 0.8, 0.9)	(0.6, 0.7, 0.8)	(0.7, 0.8, 0.9)	(0.6, 0.7, 0.8)
B_{54}	(0.3, 0.78, 0.9)	(0.6, 0.84, 1.0)	(0.8, 0.94, 1.0)	(0.6, 0.78, 1.0)	(0.6, 0.82, 1.0)
B_{62}	(0.6, 0.9, 1.0)	(0.3, 0.58, 0.8)	(0.3, 0.74, 1.0)	(0.6, 0.86, 1.0)	(0.1, 0.28, 0.7)
B_{63}	(0.3, 0.52, 0.8)	(0, 0.18, 0.7)	(0.9, 0.94, 1.0)	(0.7, 0.84, 1.0)	(0, 0.36, 0.7)
B_{64}	(0, 0.52, 0.9)	(0, 0.36, 0.8)	(0.7, 0.94, 1.0)	(0.6, 0.82, 1.0)	(0, 0.2, 0.7)

4.5.5.5 社会资本方评价排序

（1）建立决策矩阵，并规范化。将定量指标数值与定性指标三角模糊数相结合建立初始评价矩阵。将定量指标进行规范化处理，采用公式（4-21）和式（4-22）消除量纲的影响，将定性指标按照公式（4-19）进行解模糊化，最终形成规范后的评价矩阵，见表 4-17。

表 4-17 规范化后的决策矩阵

二级指标	H_1	H_2	H_3	H_4	H_5	二级指标	H_1	H_2	H_3	H_4	H_5
B_{11}	0.34	0.60	1.00	0.40	0.78	B_{36}	0.81	0.93	0.90	0.62	0.40
B_{12}	0.86	0.77	0.94	0.89	0.76	B_{41}	0.89	0.78	0.83	0.82	0.79
B_{13}	0.96	0.97	0.97	0.98	1.00	B_{42}	0.78	0.46	0.89	0.85	0.42
B_{14}	0.88	0.87	0.79	0.70	0.79	B_{43}	0.88	0.75	0.91	0.70	0.86
B_{15}	0.50	0.62	1.00	0.36	0.69	B_{44}	0.89	0.81	0.93	0.93	0.85
B_{21}	0.52	0.75	0.87	0.63	0.87	B_{45}	0.69	0.87	0.62	0.36	0.82
B_{22}	0.60	0.62	0.82	0.47	0.35	B_{51}	0.85	1.00	0.92	0.93	0.88
B_{23}	0.60	1.00	0.90	0.72	0.49	B_{52}	0.27	0.51	1.00	0.19	0.31
B_{24}	0.80	0.87	0.98	0.86	0.81	B_{53}	0.85	0.89	0.83	0.87	0.84
B_{31}	0.81	0.79	0.82	0.65	0.49	B_{54}	0.69	0.82	0.92	0.79	0.81
B_{32}	0.88	0.89	0.91	0.86	0.85	B_{61}	0.62	0.69	1.00	0.23	0.23
B_{33}	0.69	0.77	0.78	0.38	0.44	B_{62}	0.85	0.57	0.70	0.83	0.34
B_{34}	0.52	0.80	0.75	0.62	0.75	B_{63}	0.54	0.27	0.95	0.85	0.36
B_{35}	0.55	0.65	0.91	0.81	0.82	B_{64}	0.49	0.38	0.90	0.81	0.28

（2）根据公式（4-24），结合表 4-15 中的指标权重分别对矩阵中元素进行加权，建立加权决策矩阵，见表 4-18。

表 4-18 加权决策矩阵

二级指标	H_1	H_2	H_3	H_4	H_5	二级指标	H_1	H_2	H_3	H_4	H_5
B_{11}	0.0245	0.0432	0.0720	0.0288	0.0562	B_{36}	0.0178	0.0205	0.0198	0.0136	0.0088
B_{12}	0.0490	0.0439	0.0536	0.0507	0.0433	B_{41}	0.0596	0.0523	0.0556	0.0549	0.0529
B_{13}	0.0173	0.0175	0.0175	0.0176	0.0180	B_{42}	0.0351	0.0207	0.0401	0.0383	0.0189
B_{14}	0.0141	0.0139	0.0126	0.0112	0.0126	B_{43}	0.0299	0.0255	0.0309	0.0238	0.0292
B_{15}	0.0085	0.0105	0.0170	0.0061	0.0117	B_{44}	0.0409	0.0373	0.0428	0.0428	0.0391
B_{21}	0.0104	0.0150	0.0174	0.0126	0.0174	B_{45}	0.0090	0.0113	0.0081	0.0047	0.0107
B_{22}	0.0102	0.0105	0.0139	0.0080	0.0060	B_{51}	0.0068	0.0080	0.0074	0.0074	0.0070
B_{23}	0.0114	0.0190	0.0171	0.0137	0.0093	B_{52}	0.0181	0.0342	0.0670	0.0127	0.0208
B_{24}	0.0288	0.0313	0.0353	0.0310	0.0292	B_{53}	0.0221	0.0231	0.0216	0.0226	0.0218
B_{31}	0.0316	0.0308	0.0320	0.0254	0.0191	B_{54}	0.0414	0.0492	0.0552	0.0474	0.0486
B_{32}	0.0440	0.0445	0.0455	0.0430	0.0425	B_{61}	0.0750	0.0835	0.1210	0.0278	0.0278
B_{33}	0.0069	0.0077	0.0078	0.0038	0.0044	B_{62}	0.0128	0.0086	0.0105	0.0125	0.0051
B_{34}	0.0130	0.0200	0.0188	0.0155	0.0188	B_{63}	0.0119	0.0059	0.0209	0.0187	0.0079
B_{35}	0.0094	0.0111	0.0155	0.0138	0.0139	B_{64}	0.0201	0.0156	0.0369	0.0332	0.0115

(3) 采用VIKOR法计算备选社会资本方的正理想解 F^* 和负理想解 F^-，采用公式（4-26）和式（4-27）进行运算，计算结果为：

$$F^* = (0.0720, 0.0536, 0.0180, 0.0141, 0.0061, 0.0174, 0.0139, 0.0190, 0.0353, 0.0320, 0.0455, 0.0078, 0.0200, 0.0155, 0.0205, 0.0596, 0.0401, 0.0309, 0.0428, 0.0113, 0.0080, 0.0127, 0.0231, 0.0552, 0.1210, 0.0128, 0.0209, 0.0369)$$

$$F^- = (0.0245, 0.0433, 0.0173, 0.0112, 0.0117, 0.0104, 0.0060, 0.0093, 0.0288, 0.0191, 0.0425, 0.0038, 0.0130, 0.0094, 0.0088, 0.0523, 0.0189, 0.0238, 0.0373, 0.0047, 0.0068, 0.0670, 0.0216, 0.0414, 0.0278, 0.0051, 0.0059, 0.0115)$$

(4) 结合公式（4-28）和式（4-29）计算各备选社会资本方的群体效益值（S_i）和个别遗憾值（R_i）。根据取值越小的社会资本方越优的原则，对备选社会资本方进行排序，见表4-19。

表4-19 各备选合作伙伴的 S_i、R_i 及 Q_i 值

合作伙伴	S_i		R_i		Q_i	
	数值	排序	数值	排序	数值	排序
H_1	0.504	2	0.072	3	0.527	3
H_2	0.540	3	0.067	2	0.475	2
H_3	0.142	1	0.037	1	0.000	1
H_4	0.543	4	0.121	4	0.700	4
H_5	0.713	5	0.121	4	0.849	5

根据判定条件1：$Q^{H_4} - Q^{H_3} = 475 \geqslant \frac{1}{5-1} = 0.25$。

根据判定条件2：按照群体效益值 S 和最大个别遗憾值 R 的排序，备选合作伙伴 H_3，即乐成老年事业投资有限公司均排在第一位，满足稳定性的要求。因此，C老年事业投资有限公司为最优社会资本方。

4.5.5.6 案例结果分析

根据模型计算结果，最终C老年事业投资有限公司的评分最高。在实践中，C公司也中标成为某福利中心的社会资本运营方，五家中标公司的排序为：C老年事业投资有限公司、A养老机构管理有限公司、B地产有限公司、D老年养护中心、E养老产业投资管理有限公司。与本研究结果基本一致，但由于评价标准的差异，排名靠后的社会资本方也存在一定的误差。

进一步通过分析指标权重可知，资金实力、融资能力及融资方案、专业护理人员资质、日常生活照料能力、历史投诉率、社会信誉和养老项目规模等指标的所占权重较高，证明养老PPP项目对社会资本方的资金能力、运营服务能力、信誉水平提出的要求较高，而C老年事业投资公司在这几个方面的评分均高于其他合作伙伴。权重最高的指标出现在已有建设项目中养老项目的建设数目中，证明C老年事业投资有限公司在养老机构运营方面具有更加丰富的经验，因此该公司的优势明显，确定为最优合作伙伴是合理的。

对于VIKOR法来说，通过对打分数据的处理获得的排序结果操作较为简单，也得到了期望结果，因此该方法在社会资本方选择中是可行的。

5 基于 KMRW 模型的养老 PPP 项目社会资本方监管

5.1 PPP 项目社会资本方监管

在社会资本方监管方面，一部分国外学者从绩效影响角度进行政府监管探讨。Sabry 采用 OLS 多元面板回归法检验交互关系，发现政府监管能够提高 PPP 项目绩效，提高投资收益。另一部分则结合激励理论，从监管机制设计角度分析，Athias 认为消费者影响力为 PPP 项目监管的重要变量，社会资本方的服务能力是政府监管重点。

国内基于政府角度的社会资本方监管研究以理论研究与模型求解为主。在政策研究方面，王守清等通过总结国内外的项目监管经验，综述性地指出了监管方向。王薇从 PPP 项目的主要特征出发，总结英国和加拿大相关实践，建立规范系统的监督管理机制，提出防范财政风险的 PPP 项目监管建议。陈婉玲剖析 PPP 项目监管的内在机理，建议项目实施与市场监管职能的分离，并提出了划清政府职能边界、引入专业监管机构、明确监管内容等监管要求。

同时，也有学者将项目监管的过程抽象化，采用博弈论的方法对政府与社会资本方的关系进行了分析，并得出相关结论。陈红等考虑到项目监管过程中的寻租现象，构建了 PPP 项目监管和寻租博弈模型，揭示了 PPP 项目实施过程中的政府监管与社会资本寻租的博弈困境，并在法律环境、竞争机制、信息披露、事后惩罚等方面提出政策建议。李小莉通过构建演化博弈模型，发现声誉转化度在一定范围内可以有效促进社会资本方提供高质量服务。

针对 PPP 项目社会资本方监管问题，现有研究主要从政策角度分析，通过博弈论方法分析合作行为。此外，也有相关文献对 PPP 模式的特点进行了充分讨论。本研究通过声誉模型提出养老 PPP 项目社会资本方监管建议。根据第 4 章所建立的社会资本方选择模型，在选出社会资本方的基础上，结合不完全信息重复博弈理论，以社会资本方的声誉为主要因素，采用 KMRW 声誉模型构建合作伙伴监管模型，通过监管博弈主体分析、行为分析得到博弈结果，并根据博弈结果为养老 PPP 项目社会资本方监管提出有效的政策建议。

5.2 养老 PPP 项目监管理论基础

（1）博弈理论。博弈理论是指决策者之间的行为在一定的条件下产生相互作用而发生的决策问题，为寻求这些决策的均衡解，向相关决策者展示参与决策各方的收益情况而建立的数学模型。根据参与者是否获得参与决策各方的所有信息，将博弈分为完全信息博弈与非完全信息博弈。完全信息博弈，是指参与者对其他参与者的特征有准确的知识；非完全信息博弈，是指了解不够准确或者不是全部了解对方信息。政府要在漫长的运营期内对社会资本方进行重复监管，该过程是一个不完全信息重复博弈的过程，政府在采取监管政策的过程中需要博弈理论的支持。

（2）KMRW 声誉模型。声誉模型是一种不完全信息动态博弈，在博弈论中，声誉是指局中人通过选择传递对自身有利的信息而产生的稳定信念。新制度经济学理论认为，声誉是契约绩效实现的重要保障，能够通过影响理性经济人的长期收益改变其短期行为。1982 年，Kreps、Milgrom 等创建了 KMRW 声誉模型，将重复博弈理论同不完全信息理论结合，证明了传统囚徒博弈中，参与人之间的不完全信息因素会导致博弈中合作行为的出现。KMRW 声誉模型的内涵在于：在交易活动中，经济主体的声誉是影响其长期收益的关键因素，信息不对称的局中人会通过声誉评判修正对其他局中人的行为认知，并基于这种认知调整自身行为策略。在对社会资本方监管过程中，KMRW 声誉模型能够判断不同类型的社会资本方在各阶段可能采取的行动，确定政府监管措施，具有理论上的可行性。

5.3 养老 PPP 项目监管原因

社会资本方选择完成后，养老 PPP 项目会进入到长期的运营管理期中。虽然政府在前期的谈判过程中选择出了优秀的社会资本方，但是不能保证社会资本方在长期的项目执行阶段中保持诚信的合作态度，保证项目顺利移交。因此，政府需进行完善的项目监管，保障运营期的项目质量。

在养老 PPP 项目的监管中，政府只做到监督并不能实现项目的全部效果，还要进行一定程度的管理。监督只需要根据合同对社会资本方的行为和项目的质量进行考察，而监管还要考虑到养老 PPP 项目的公益性和服务性，代表公众的利益与社会资本方进行博弈。在实践中，社会资本方往往更看重自己的利益，在长期运营中存在机会主义行为，例如假借 PPP 项目之名获取超额利润，而忽略养老服务质量。这种行为违背了养老 PPP 项目的初衷，不利于养老服务行业的健康发展。

关于指标体系的调查问卷结果显示，大部分参与调查的行业人士都认为声誉在合作过程中的地位非常重要，在指标筛选过程中，信誉维度也保留了较多关于社会资本方声誉评价的指标。声誉是政府对社会资本方监管的软安全机制，也是社会资本方获得并维持与政府合作关系的根本保障，尤其基于养老机构为老年人提供医疗、照料等“软性服务”的特征，政府更注重养老PPP项目运营过程中社会资本方的社会声誉和品牌价值。加强声誉监管能够在一定程度上避免社会资本方的机会主义行为，保证养老PPP项目的服务质量。

为提出合理的政府监管建议，本书采用KMRW声誉模型进行了养老PPP项目监管博弈研究，分析社会资本方行为，为建设养老PPP项目监管体系，实现政府有效监管提供理论支撑。

5.4 社会资本方监管KMRW声誉模型的构建

5.4.1 监管博弈主体分析

在养老PPP项目建设运营中，政府方与社会资本方处于信息不对称状态，二者间将进行不完全信息重复博弈。养老PPP项目建设期投资体量较大，基于社会资本方的逐利性，会采取一定措施提高运营阶段回报率。为避免在该阶段社会资本方产生降低服务质量等机会主义行为，政府会进行长期的行政监管，社会资本方为维持与政府方之间的合作关系，会对政府的监管行为采取一定应对措施。KMRW声誉模型能够通过分析双方的博弈过程，判断不同类型的社会资本方在各阶段可能采取的行动，确定政府监管措施，具有理论上的可行性。

5.4.2 基本假设及模型构建

对养老PPP项目监管过程进行声誉模型构建及分析，博弈双方为政府方和社会资本方，该博弈模型有以下五个假设条件。

假设1 博弈将在充分竞争的环境下进行，假设现有养老PPP项目采用使用者付费的投资回报方式，项目公司由政府与社会资本方共同组建。政府认为社会资本方有诚信型与非诚信型两种类型：能够遵守契约，提供优质管理与服务为诚信型，反之则为非诚信型，两种类型的社会资本方均为理性经济人。

假设2 由于信息不对称存在，政府只能通过分析社会资本方对养老PPP项目收益的侵占率来判断社会资本方的类型，侵占率表示社会资本方超出合同规定所获得的额外收益占总收益的比例。假设诚信型社会资本方不侵占项目剩余收益；非诚信型社会资本方可能为提高利润而侵占剩余收益，也可能通过遵守契约建立企业声誉，假装为诚信型，以维持项目合作关系获取政府信任。

假设3 除第一阶段政府选择合作策略之外，此后各个阶段，政府将根据社会资本方前一阶段采取的行为调整策略。只要社会资本方有侵占收益的行为发生，政府就能确认社会资本方为非诚信型，并终止与社会资本方的进一步合作。

假设 4 合作中政府不知道社会资本方的类型，可以通过绩效考核、调查入住老人满意度等方式，修正对社会资本方的行为认知，逐步判断并确定社会资本的类型。

假设 5 构造政府与社会资本方合作过程中的单阶段效用函数：

$$U_S(H) = -\frac{1}{2}H^2 + b(H - H^e) \tag{5-1}$$

$$\begin{cases} b = 0, & \text{社会资本方为诚信型} \\ b = 1, & \text{社会资本方为非诚信型} \end{cases}$$

其中，H（$0 \leqslant H \leqslant 1$）为社会资本方对养老 PPP 项目实际收益的侵占率，简称为实际侵占率；H^e（$0 \leqslant H^e \leqslant 1$）为政府预计社会资本方对项目的侵占率，简称为政府预期侵占率；b 为社会资本方的类型，假定政府认为社会资本为诚信型的先验概率为 P，认为社会资本方为非诚信型的先验概率为（$1-P$）。

当 $b=0$ 时，社会资本方为诚信型，此时 $U_S(H) = -\frac{1}{2}H^2$，只有 $H = 0$，才能获得最大效用值 0，即被政府信任。因此社会资本方一定会遵守契约，维护声誉。当 $b=1$ 时，社会资本方为非诚信型，此时 $U_S(H) = -\frac{1}{2}H^2 + H - H^e$。理性的社会资本方知道政府的监管将是长期重复的，为获得最大化的效用值，维持合作关系，可能会在最后一次博弈之前一直遵守契约，即不侵占收益。H^e 值会随着博弈次数的增加而减少，直到使 $U_S(H) = -\frac{1}{2}H^2 + H - H^e \geqslant 0$，这表示保持好的声誉更使社会资本方获取政府信任。因此，效用函数式（5-1）能够反映不同类型社会资本方的行为偏好，与假设保持了逻辑上的一致性。

5.4.3 养老 PPP 项目监管博弈过程

5.4.3.1 单阶段博弈

在单阶段博弈条件下，对式（5-1）求导，得到社会资本最优侵占率：$\frac{\partial U_S}{\partial H} = -H + b$。

令 $\frac{\partial U_S}{\partial H} = 0$，此时 $H = b = 1$ 是社会资本方的最优选择，可知如果政府只进行一次性监管，理性的社会资本方认为没必要维持好声誉，会选择侵占收益的策略。

5.4.3.2 重复 t 阶段博弈分析（$t \geqslant 2$）

假定博弈重复 t 次，$b=0$ 的先验概率为 P，$b=1$ 的先验概率为 $1-P$。设 y_t 为 t 阶段非诚信社会资本方假装诚信型社会资本方的概率，x_t 为政府通过考核监管认为社会资本方为诚信型的概率。均衡条件下，$x_t = y_t$。如果在 t 阶段政府没有发现社会资本方的收益侵占行为，根据贝叶斯法则，政府在 $t+1$ 阶段认为社会资本方是诚信型的后验概率为：

$$\tilde{P}_{t+1}(b=0|H_t=0) = \frac{P(b=0,\ H_t=0)}{P(H_t=0)}$$
$$= \frac{P(H_t=0|b=0)P(b=0)}{P(H_t=0|b=0)P(b=0) + P(H_t=0|b=1)P(b=1)}$$
$$= \frac{P_t \times 1}{P_t \times 1 + (1-P_t) \cdot x_t} \tag{5-2}$$

因为 $P_t \times 1 + (1-P_t) \cdot x_t \leqslant 1$，即 $\tilde{P}_{t+1}(b=0|H_t=0) \geqslant P_t$，即如果社会资本方在 t 阶段选择维持声誉，不侵占养老PPP项目收益，那么政府在 $t+1$ 阶段认为社会资本方是诚信型的概率会增大。但如果社会资本表现出非诚信行为，则有：

$$\tilde{P}_{t+1}(b=0|H_t=1) = \frac{P(b=0,\ H_t=1)}{P(H_t=1)}$$
$$= \frac{P(H_t=1|b=0)P(b=0)}{P(H_t=1|b=0)P(b=0) + P(H_t=1|b=1)P(b=1)}$$
$$= 0 \tag{5-3}$$

公式（5-3）表示，一旦政府发现社会资本方有侵占项目收益的行为，则认为社会资本方为非诚信型，便会终止与社会资本方的合作。因此，为了维持长期合作关系，社会资本方不到最后阶段一般不会侵占收益来破坏自己的声誉。

5.4.3.3 最后两阶段博弈分析

A t 阶段的解

当博弈已经进入最后的 t 阶段，非诚信型社会资本方已经不必维护自身声誉。因此，t 阶段社会资本方的最优选择为 $H_t = b = 1$，政府预期侵占率为 $H_t^e = H_t \times (1-P_t) = 1 \times (1-P_t) = 1-P_t$，此时社会资本方的效用水平为：

$$U_S(H) = -\frac{1}{2}H_t^2 + b(H_t - H_t^e) = -\frac{1}{2} + 1 - (1-P_t) = P_t - \frac{1}{2} \tag{5-4}$$

由公式（5-4）可知，U_S 是 P_t 的增函数，即非诚信型社会资本方在最后阶段的效用值与其声誉为正向关系，如果社会资本方在之前体现出非诚信的特征，那么在最后阶段将不能再获得效用。因此，非诚信型社会资本方在前 $t-1$ 个阶段会积极地建立自身声誉。值得注意的是，如果缺乏监管机制的约束，社会资本方会在博弈的最后阶段从事高风险的违约行为，获取超额利润。

B $t-1$ 阶段的解

假设非诚信型社会资本方在 $t-1$ 阶段之前一直保持良好声誉，没有侵占收益的行为，此时 $P_{t-1}>0$，政府对社会资本方的预期判断为：

$$H_{t-1}^{e}=H_{t-1}\times(1-P_{t-1})(1-x_{t-1})=1\times(1-P_{t-1})(1-x_{t-1}) \tag{5-5}$$

式中，$(1-x_{t-1})$ 为政府认为社会资本方为非诚信型的概率；$(1-P_{t-1})$ 为社会资本方是非诚信型的概率。

令 δ 为社会资本方的贴现因子，用来表示非诚信型社会资本方冒充诚信型社会资本方的耐心程度。现实情况中，δ 受项目收益情况、信任程度、政府监管力度等因素的影响。假设仅存在纯战略的情况，即 $y_{t-1}=0$ 或者 1，此时，对非诚信型社会资本方的不同行为的效用进行如下分析。

（1）若非诚信型社会资本方在 $t-1$ 阶段选择侵占收益，即 $y_{t-1}=0$，$H_{t-1}=1$。当政府发现社会资本方侵占收益之后，t 阶段政府已确认该社会资本方是非诚信型，此时 $P_t=0$。此时，非诚信型社会资本方的总效用函数为：

$$\begin{aligned}U_{t-1}(b=1)+\delta U_t(b=1)=&-\frac{1}{2}H_{t-1}^2+H_{t-1}-H_{t-1}^{e}+\\&\delta\left(-\frac{1}{2}H_t^2+H_t-H_t^{e}\right)\end{aligned} \tag{5-6}$$

由式（5-4）和式（5-5）及以上条件可知：

$$U_{t-1}(b=1)+\delta U_t(b=1)=\frac{1}{2}-H_{t-1}^{e}-\frac{1}{2}\delta$$

（2）若非诚信型社会资本方在 $t-1$ 阶段不选择侵占收益，即 $y_{t-1}=1$，$H_{t-1}=0$。此时 $P_t=0$，非诚信型社会资本方的总效用函数为：

$$\begin{aligned}U_{t-1}(b=1)+\delta U_t(b=1)=&-\frac{1}{2}H_{t-1}^2+H_{t-1}-H_{t-1}^{e}+\\&\delta\left(-\frac{1}{2}H_t^2+H_t-H_t^{e}\right)\end{aligned} \tag{5-7}$$

由式（5-4）和式（5-5）及以上条件可知：

$$U_{t-1}(b=1)+\delta U_t(b=1)=-H_{t-1}^{e}+\delta\left(P_t-\frac{1}{2}\right)$$

根据现实情况，情形（2）下的效用值应当高于情形（1），因此应满足：

$$\frac{1}{2}-H_{t-1}^{e}-\frac{1}{2}\delta\leqslant-H_{t-1}^{e}+\delta\left(P_t-\frac{1}{2}\right)\Rightarrow P_t\geqslant\frac{1}{2\delta} \tag{5-8}$$

因为在均衡条件下，非诚信型社会资本方假装诚信型的概率 y_{t-1} 与政府预估概率 x_{t-1} 相同。因此，如果 $y_{t-1}=1$ 构成非诚信型社会资本方的战略均衡，$x_{t-1}=1$，因此 $P_t=P_{t-1}$，可得：

$$P_{t-1} \geqslant \frac{1}{2\delta}$$

可知，如果政府在 $t-1$ 阶段认为社会资本方是诚信型的概率不小于 $\frac{1}{2\delta}$，非诚信型社会资本方就会假装诚信型，也就是说，社会资本方的声誉越好，维持声誉的积极性就越高，这体现出声誉对社会资本方的激励效应。社会资本方在博弈过程中发现维持声誉对项目发展具有正效用，因此会积极向政府传递对自身有利的声誉信息。当 $P_{t-1}=\frac{1}{2\delta}$ 时，表明无论非诚信型社会资本方是否假装诚信型，效用函数都是相同的，既任意 $y_{t-1} \in [0, 1]$ 都是最优的。但因为均衡要求 $y_{t-1}=x_{t-1}$，将 $P_t=\frac{1}{2\delta}$ 带入贝叶斯法可得：

$$\begin{aligned} P_t(b=0 \mid H_{t-1}=0) &= \frac{P(b=0,\ H_{t-1}=0)}{P(H_{t-1}=0)} \\ &= \frac{P_{t-1} \times 1}{P_{t-1} \times 1 + (1-P_{t-1}) \cdot x_{t-1}} \\ &= \frac{1}{2\delta} \Rightarrow y_{t-1} = x_{t-1} = \frac{(2\delta-1)P_{t-1}}{1-P_{t-1}} \end{aligned}$$

可知，x_{t-1} 是 P_{t-1} 的增函数，因此政府越认为社会资本方是诚信型，非诚信型社会资本方的收益侵占率越低 $\left(假定\ \delta > \frac{1}{2}\right)$。

特别的，当 $P_{t-1} \to \frac{1}{2\delta}$ 时，$y_{t-1} \to 1$。由于政府不知道社会资本方的类型，如果非诚信型社会资本方在现阶段就选择利用声誉（$H_{t-1}=1$），该社会资本方在现阶段的效用值为：$U_{t-1}(1)=\frac{1}{2}-H_{t-1}^{e}<1$，但下一阶段的效用值为 $U_t(1)=-\frac{1}{2}<P_t-\frac{1}{2}$。因此，非诚信型社会资本方在 $t-1$ 阶段要进行利益权衡，决定是现阶段利用自己的声誉还是下阶段利用自己的声誉。当 P_{t-1} 足够大，δ 充分接近于1时，非诚信型社会资本方的最优选择是下阶段利用自己的声誉。

C　$t-1$ 阶段前的最优解

如果社会资本方在 $t-1$ 阶段的收益侵占率是最优的，那么，在 $t-1$ 阶段前的各阶段社会资本方的收益侵占率都是最优的。因此，如果 $P_0 \geqslant \frac{1}{2\delta}$，可以得到精炼贝叶斯均衡：

诚信型社会资本方选择：$H_0=H_1=\cdots=H_t=0$；

非诚信型社会资本方选择：$H_0 = H_1 = \cdots = H_{t-1} = 0$，$H_t = 1$；

政府预期收益侵占率为：$H_0^e = H_1^e = \cdots = H_{t-1}^e = 0$；$H_t^e = 1 - P_t = 1 - P_0$；

在均衡路径上，$P_t = P_{t-1} = P_{t-2} = \cdots = P_0$；

在非均衡路径上，$P_{t+1} = 0$。

此时，诚信型社会资本方的总效用值为：

$$\sum_{t=0}^{t} \delta^t H_t = 0 + 0 + 0 + \cdots + 0 + 0 = 0$$

非诚信型社会资本方的总效用值为：

$$\sum_{t=0}^{t} \delta^t H_t = 0 + 0 + 0 + \cdots + 0 + \delta^t \left(P_0 - \frac{1}{2}\right) = \delta^t \left(P_0 - \frac{1}{2}\right)$$

5.5 博弈结果分析

养老 PPP 项目监管博弈过程中，声誉对社会资本方的行为产生了明显影响。通过对博弈结果的分析发现，前一阶段的声誉会影响后一阶段的效用值。在不同的博弈阶段中，社会资本方会通过对局势的分析采取不同的措施。

如果社会资本方为诚信型，则一直保持不侵占收益；如果社会资本方为非诚信型，则：

（1）在单阶段博弈中，会果断选择最大限度侵占收益。

（2）在 t 阶段博弈过程中（第 2 阶段至第 $t-2$ 阶段），会一直假装诚信型，选择不侵占收益，以维持合作关系获取政府信任，达到纳什均衡。

（3）在第 $t-1$ 阶段博弈中，行为由社会资本方的耐心程度决定。在不出现较大政策、收益率变化且社会资本方能够维持足够耐心的条件下，社会资本方将选择继续假装诚信型，通过不侵占收益的履约行为维持自身声誉。

（4）在第 t 阶段博弈中，社会资本方没有必要再假装诚信型，最优选择为最大限度地侵占项目收益。

5.6 养老 PPP 项目社会资本方监管政策建议

（1）加强期满移交前的监督管理。博弈结果显示，非诚信型社会资本方往往在重复博弈的最后阶段选择侵占项目收益。在养老 PPP 项目期满移交前的关键时期，如不加强监管会危及项目的顺利移交。对此，政府应重视项目移交前的监督管理，在项目的合同条款中明确社会资本方的移交义务与违约责任，并加大项目期满移交前的监管频次，注重对项目设施、设备的考核，避免资产被社会资本方侵占或转移，保证项目移交后能够继续运营。

（2）健全养老PPP项目监管制度。完善的监管制度是实现养老PPP项目规范运行的根本保障，政府应在平等合作的基础上，规制PPP项目中的违法违规行为，结合行业内外法律，建立全面的PPP项目监管法规体系，做到有法可依。同时，应建立独立、全面的养老PPP项目管理机构，明确监督主体，保证监管队伍有专业、公正的决策能力，并利用信息公开的网络平台实现利益相关者、社会媒体及公众等各方主体对养老PPP项目的监督，保证项目公开透明。

（3）采取考虑声誉因素的激励措施。多阶段重复博弈结果显示，声誉对社会资本方具有明显的激励效应，社会资本方的声誉越好，维持声誉的积极性越高。鉴于此，政府应采取相应的激励措施：一方面建立多维度绩效考核体系。除考察服务效果、服务质量等实质性因素外，充分评价社会资本方运营软实力，设立信用等级、社会认可度等社会评价指标，综合指标权重确定评价体系。另一方面设置动态补偿机制。在保证社会资本方维持合理利润率的基础上，根据社会资本方行为提供动态的激励制度，对积极履约、信用良好的社会资本方，根据绩效考核达标分值给予超出部分同等比率的经济补偿，激发社会资本方维持声誉的动力，推动养老PPP项目良性发展。

（4）完善社会资本方准入退出机制。鉴于诚信型社会资本方特点，政府与其合作能够降低监管难度，提高监管效率。因此，政府应当从源头入手，有针对性地设立备案或审批制度，以类似项目经验、从业人员资质、信用等级等作为准入条件，提高养老项目准入门槛，增加诚信型企业进入市场的概率。同时，规范退出标准，建立PPP项目失信名单，加大不良信用社会资本方的惩罚力度，如取消运营PPP项目资质、禁止进入养老服务市场等，增大其违规成本。社会资本方声誉越高，破坏声誉的损失越大，通过严格的准入退出机制约束养老市场，进一步制衡社会资本方行为。

（5）增进政府与社会资本方的信任。社会资本方在项目运营过程中会受自身维护声誉耐心程度的影响，解除养老PPP项目存在的运营风险，应以政府与社会资本方间的信任为基础。只有双方进行有效的信息沟通，彼此信任，才能达到共赢。因此，政府应主动降低政策风险，提升养老PPP项目的内在吸引力，激发社会资本方社会责任感和合作安全感，从本质上解决监管压力，减少监管成本，实现养老PPP项目社会效益最大化。

6 养老 PPP 项目流程管理

6.1 PPP 项目操作基本流程

PPP 项目操作较复杂，步骤多，周期长，对政府的管理能力要求较高。实践中，政府往往难以独自完成整个操作流程，需借助法律、技术、财务、环境以及其他领域的专业顾问力量。

养老服务项目合作周期长，可能遇到的不确定风险较多，风险的识别、分配及管理的体系建设尤为重要。PPP 模式和养老服务项目的结合应用，将涉及该项目融资、建设、运营、管理的重要环节，这就需要各方参与者明确自己在项目整个管理过程中的相应职责，选择最佳的合作方式，实现风险的合理分配以及收益共享。通过发挥各自的优势和资源，为老年群体提供更高质量的养老服务，根据《政府和社会资本合作模式操作指南（试行）的通知》（财金〔2014〕113 号）文件精神，养老 PPP 项目开发流程如图 6-1。

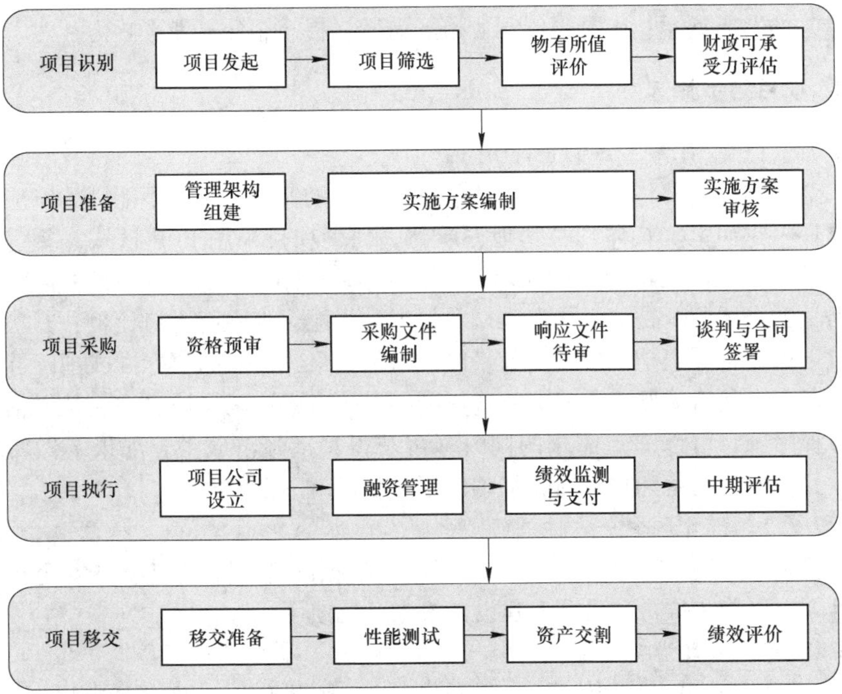

图 6-1　PPP 项目操作流程图

6.2 PPP 项目识别

6.2.1 项目发起

6.2.1.1 项目发起主体

PPP 项目由政府或社会资本发起，主要以政府发起为主。

政府发起：政府和社会资本合作中心应负责向各行业主管部门征集适宜开展合作的项目，各行业主管部门可从国民经济和社会发展规划及行业专项规划中的新建、改建项目或存量公共资产中遴选潜在项目。

社会资本发起：社会资本应以项目建议书的方式向政府和社会资本合作中心推荐潜在政府和社会资本合作项目。

6.2.1.2 项目发起目的

政府发起 PPP 项目的目的：一是融资需求，解决项目建设资金缺口，化解地方政府债务风险；二是政府向社会提供优质公共服务和公共产品；三是转变政府职能，提供政府行政能力（由政府自己花钱做的事情，改由社会资本实施，放手把投资权和运营权都交给社会资本方，政府及行业主管部门作为监管机构）。

社会资本发起和参与 PPP 项目的目的：一是利用资金、技术、人才、运营等资源，获得项目合同，获得合理投资回报；二是在一定年限内获得特许项目经营所带来的垄断利益；三是占领行业市场份额，提高企业行业影响力。

6.2.2 项目初步筛选

6.2.2.1 项目需求初步分析

PPP 项目一定要适合本地区经济和社会发展的实际需要，不能因为响应国家的号召而一哄而上。具体到某个地方政府，何种项目采用 PPP 模式，要进行调研和论证，要分析项目的实际需求，不能拍脑袋决策。例如：建设一个 PPP 养老项目，首先要分析辖区内老年人口数量内含失能、半失能人口比例；其次需要调研辖区内具备养老功能的机构数量以及床位数量，按照国家标准或国际标准进行论证匹配；然后需要确定养老收费标准，充分考虑地区经济水平以及预估入住率，以保障项目可以满足需求的同时又可获得预期经济收益。如果不做需求分析，项目建成后运营和投资回收很难保证，项目就不会成功。

6.2.2.2 投资区域全方位调研

项目确定采用 PPP 模式后，财政部门应根据筛选结果制定项目年度和中期开发计划，以稳步推进项目开发建设，投入运营使用。

6.2.2.3 项目资料准备

对于列入年度开发计划的项目，项目发起方应按财政部门的要求提交相关资料。

(1) 新建改建项目提交可行性研究报告、项目产出说明和初步实施方案;

(2) 存量项目提交资产历史资料、项目产出说明和初步方案。

6.2.3 物有所值评价报告

物有所值是实施 PPP 的基本原则之一。财政部门会同行业主管部门，从定性和定量两方面开展物有所值评价工作。定量评价工作由各地根据实际情况开展，可由第三方专业机构完成。

6.2.3.1 定性评价

定性评价重点关注项目采用政府和社会资本合作模式与采用政府传统采购模式相比，能否增加供给、优化风险分配、提高运营效率、促进创新和公平竞争等。

具体步骤如下:

(1) 制定定性分析办法（指标、权重等），报财政部门和行业主管部门审定;

(2) 成立定性分析专家小组（不少于 7 名专家，包括工程技术、金融、项目管理、财政和法律专家）;

(3) 召开专家小组会议，开展项目定性分析;

(4) 整理定性分析结果，报财政部门和行业主管部门审核。

6.2.3.2 定量评价

定量评价主要通过对政府和社会资本合作项目全生命周期内政府支出成本现值与公共部门比较值进行比较，计算项目的物有所值量值，判断政府和社会资本合作模式是否降低项目全生命周期成本。

具体步骤如下:

(1) 制定定量分析方法，报财政部门和行业主管部门审定;

(2) 成立定量分析专家小组;

(3) 根据项目产出说明，计算“公共部门比较值（PSC 值）”，作为比较基准;

(4) 根据项目初步实施方案，计算 PPP 项目全生命周期内政府方净成本的现值（PPP 值）;

(5) 比较“公共部门比较值（PSC 值）”与 PPP 项目全生命周期内政府方净成本的现值（PPP 值），判断 PPP 模式降低项目全生命周期成本的程度;

(6) 整理定量分析结果（含定量分析结论），报财政部门和行业主管部门审定;

(7) 汇编物有所值评价报告（含评价结论），报项目所在地省财政相关部门备案。

6.2.4 财政承受能力评价

为确保财政中长期可持续性，财政部门应根据项目全生命周期内的财政支出、政府债务等因素，对部分政府付费或政府补贴的项目，开展财政承受能力论证，每年政府付费或政府补贴等财政支出不得超出当年财政收入的一定比例。

6.2.4.1 政府责任识别

PPP项目全生命周期过程的财政支出责任，主要包括股权投资、运营补贴、风险承担、配套投入等。

(1) 股权投资：是指在政府与社会资本共同组建项目公司的情况下，政府承担的股权投资支出责任。如果社会资本单独组建项目公司，政府不承担股权投资支出责任。

(2) 运营补贴：是指在项目运营期间，政府承担的直接付费责任。不同付费模式下，政府承担的运营补贴支出责任不同。政府付费模式下，政府承担全部运营补贴支出责任；可行性缺口补助模式下，政府承担部分运营补贴支出责任；使用者付费模式下，政府不承担运营补贴支出责任。

(3) 风险承担：是指项目实施方案中政府承担风险带来的财政或有支出责任。通常由政府承担的法律风险、政策风险、最低需求风险以及因政府方原因导致项目合同终止等突发情况，会产生财政或有支出责任。

(4) 配套投入：是指政府提供的项目配套工程等其他投入责任，通常包括土地征收和整理、建设部分项目配套措施、完成项目与现有相关基础设施和公用事业的对接、投资补助、贷款贴息等。配套投入支出应依据项目实施方案合理确定。

6.2.4.2 政府支出测算

财政部门（或PPP中心）应当综合考虑各类支出责任的特点、情景和发生概率等因素，对项目全生命周期内财政支出责任分别进行测算。

(1) 股权投资支出：依据项目资本金要求以及项目公司股权结构合理确定。股权投资支出责任中的土地等实物投入或无形资产投入，应依法进行评估，合理确定价值。

(2) 运营补贴支出：根据项目建设成本、运营成本及利润水平合理确定，并按不同的付费模式分别测算。

对政府付费模式的项目，在项目运营补贴期间，政府承担全部直接付费责任。政府每年直接付费数额包括：社会资本方承担的年均建设成本（折算成各年度现值）、年度运营成本和合理利润。

对可行性缺口补助模式的项目，在项目运营补贴期间，政府承担部分直接付费责任。政府每年直接付费数额包括：社会资本方承担的年均建设成本（折算成各年度现值)、年度运营成本和合理利润，再减去每年使用者付费的数额。

(3) 风险承担支出：应充分考虑各类风险出现的概率和带来的支出责任，可采用比例法、情景分析法及概率法进行测算。如果 PPP 合同约定保险赔款的第一受益人为政府，则风险承担支出应为扣除该等风险赔款金额的净额。

(4) 配套投资支出：应综合考虑政府将提供的其他配套投入总成本和社会资本方为此支付的费用。配套投入支出责任中的土地等实物投入或无形资产投入，应依法进行评估，合理确定价值。

6.2.4.3 政府承受能力评估

财政承受能力评估包括财政支出能力评估以及行业和领域平衡性评估。

财政支出能力评估，是根据 PPP 项目预算支出责任，评估 PPP 项目实施对当前及今后年度财政支出的影响；行业和领域均衡性评估，是根据 PPP 模式适用的行业和领域范围，以及经济社会发展需要和公众对公共服务的需求，平衡不同行业和领域 PPP 项目，防止某一行业和领域 PPP 项目过于集中。每一年度全部 PPP 项目需要从预算中安排的支出责任，占一般公共预算支出比例应当不超过 10%。

6.2.4.4 信息披露（公开）

各级财政部门（或 PPP 中心）应当通过官方网站及报刊媒体，每年定期披露当地 PPP 项目目录、项目信息及财政支出责任情况。应披露的财政支出责任信息包括：PPP 项目的财政支出责任数额及年度预算安排情况、财政承受能力论证考虑的主要因素和指标等。项目实施后，各级财政部门（或 PPP 中心）应跟踪了解项目运营情况，包括项目使用量、成本费用、考核指标等信息，定期对外发布。

6.2.4.5 项目识别结果处理

对项目实施物有所值和财政承受能力验证，通过验证的，由项目机构报政府审核。通过物有所值评价和财政承受能人力论证的项目，可进行项目准备；未通过验证的，可在实施方案调整后重新验证；经重新验证后仍不能通过的，不再采用 PPP 模式。

6.3 PPP 项目准备

6.3.1 管理架构组建

6.3.1.1 建立协调机制

县级（含）以上地方人民政府可建立专门协调机制，主要负责项目评审、组织协调和检查督导等工作，实现简化审批流程、提高工作效率的目的。

一般 PPP 审查重点：PPP 运作方式、采购程序、交易结构、风险分配、监管架构和物有所值评价以及财政承受能力等。示范项目的概况包括：项目的基本情况、建设情况、项目公司的股权情况、项目政府债务情况、项目运营情况、项目有关财政收支情况。财政收支尤其重要，因涉及 PPP 项目产权、项目收益、政府股权投资、运营补贴、配套收入、风险承担机制等，可能还涉及 PPP 融资基金及补贴资金等情况。

6.3.1.2 指定项目实施机构

政府或其指定的有关职能部门或事业单位可作为项目实施机构，负责项目准备、采购、监管和移交等工作。

项目实施机构应组织编制项目实施方案，依次对以下内容进行介绍：在项目准备阶段，项目实施机构主要负责编制项目实施方案或是项目可行性研究报告，具体包括项目概况、风险分担与收益共享、项目运作方式、交易机构、合同体系以及监管架构；在项目采购阶段，项目实施机构要选择适当的采购方式、成立采购结果确认谈判工作组、对采购文件的澄清和修改、依据发布资格预审文件等；项目移交通常是指在项目合作期限结束或者项目合同提前终止后，项目公司将全部项目设施及相关权益以合同约定的条件和程序移交给政府或者政府指定的其他机构。

6.3.2 实施方案编制

项目实施方案一般包括：项目概况、风险分担与收益共享、项目运作方式、交易结构、合同体系、监管架构等。

6.3.2.1 项目概况

项目概况主要包括：基本情况、经济技术指标、项目公司股权等。

基本情况主要明确项目提供的公共产品和服务内容、项目采购政府和社会合同模式运作的必要性和可行性，以及项目运作的目标和意义。经济技术指标主要明确项目区位、占地面积、建设内容或资产范围、投资规模或资产价值、主要产出说明和资金来源等。项目公司股权情况主要明确是否要设立项目公司以及公司股权结构。

6.3.2.2 风险分担与利益共享

按照风险分配优化、风险收益对等和风险可控等原则，综合考虑政府风险管理能力、项目回报机制和市场风险管理能力等要素，在政府和社会资本间合理分配项目风险。原则上，项目设计、建造、财务和运营维护等商业风险由社会资本承担，法律、政策和最低需求等风险由政府承担，不可抗力等风险由政府和社会资本合理共担。

PPP 项目存在的三大关系：合作伙伴关系、风险分担关系与利益分享关系。

风险分担包括政策风险、汇率风险、技术风险、财务风险、营运风险（政府政策的不连续性、变化过于频繁；基础设施经营的收入不足以支付债务和利息，可能造成债权人求诸法律的手段逼迫项目公司破产。)

利益分享是指社会资本对项目的预期内部收益率一般在 8%~12%之间，政府一般希望把收益率控制在 10%以内。

6.3.2.3 项目运作方式

PPP 的运作模式包括：委托运营（O&M）、管理合同（MC）、建设—运营—移交（BOT）、建设—拥有—运营（BOO）、转让—运营—移交（TOT）、改建—运营—移交（ROT）等。具体运作方式的选择主要由收费定价机制、项目投资收益水平、风险分配基本框架、融资需求、改扩建需求和期满处置等因素决定。

经营性项目是具有明确的收费基础，并且经营收费能够完全覆盖投资成本的项目，可通过政府授予特许经营权，采用建设—运营—移交（BOT）、建设—拥有—运营—移交（BOOT）等模式推进。

准经营性项目是对于经营收费不足以覆盖投资成本、需政府补贴部分资金或资源的项目，可通过政府授予特许经营权附加部分补贴或直接投资参股等措施，采用建设—运营—移交（BOT）、建设—拥有—运营（BOO）等模式推进。

非经营性项目是对于缺乏“使用者付费”基础、主要依靠“政府付费”回收投资成本的项目，可通过政府购买服务，采用建设—拥有—运营（BOO）、委托运营等市场化模式推进。

以 BOT 模式（建设—经营—转让）为例。BOT 的运作模式可分为四阶段：项目准备阶段、融资建设阶段、项目移交阶段和政府运作阶段。在项目准备阶段，要确定项目、项目招投标、立案确定以及协商谈判；在融资建设阶段，进行组建项目公司、安排融资、融资实施；项目移交阶段，管理项目资产、维护基金和运营管理权。BOT 的相关方及签约合同类型可参考表 6-1 和表 6-2。

表 6-1 BOT 模式的主要参与方

主要参与方	参与方负责内容
政府	特许权授予，制定税收、土地政策和非竞争承诺等
项目资助人	资助、组建项目公司
项目公司	融资、建设、管理项目运营
贷款人	提供项目贷款
项目使用方	项目产品服务或购买方、用户
原材料供应商	提供项目生产所需原材料
工程承包商	为项目建设提供土建施工、设备安装等服务工程
保险机构	分担项目建设及运营阶段的部分风险
专业运营管理公司	委托管理项目的日常运营

表 6-2 BOT 模式的签约合同类型

合同类型	合同签约双方
招商谈判协议	政府和投资人
长期销售合同	项目公司和项目使用人
合资合同	投资人和相关主体
土建合同	项目公司和承包商
BOT 特许协议	政府和项目公司
长期供应商合同	项目公司和原材料供应商
工程保险合同	项目公司和保险合同
制造合同	项目公司和设备供应商
项目贷款合同	项目公司和银行

6.3.2.4 交易结构

项目交易结构主要包括项目投融资结构、回报机制和相关配套安排。

项目投融资结构主要说明项目资本性支出的资金来源、性质和用途，项目资产的形成和转移等。

项目回报机制主要说明社会资本取得投资回报的资金来源，包括使用者付费、可行性缺口补助和政府付费等支付方式，见表 6-3。

表 6-3 项目回报机制支付方式

名 称	概 念
使用者付费（用户付费）	是指由最终消费用户直接付费购买公共产品和服务
可行性缺口补助	是指使用者付费不足以满足社会资本或项目公司成本回收和合理回报，而由政府以财政补贴、股本投入、优惠贷款和其他优惠政策的形式，给予社会资本或项目的经济补助
政府付费	是指政府直接付费购买公共产品和服务，主要包括可用性付费、使用量付费和绩效付费

相关配套安排主要说明由项目以外相关机构提供的土地、水、电、气和道路等配套设施和项目所需的上下游服务。

6.3.2.5 合同体系

合同体系主要包括 PPP 项目合同、股东合同、融资合同、工程承包合同、运营服务合同、原料供应合同、产品采购合同和保险合同等。项目合同是其中最核心的法律文件。项目边界条件是项目合同的核心内容，主要包括权利义务、交易条件、履约保障和调整衔接等边界。

权利义务边界主要明确项目资产权属、社会资本方承担的公共责任、政府支付方式和风险分配结果等。

交易条件边界主要明确项目合同期限、项目回报机制、收费定价调整机制和产出说明等。

履约保障边界主要明确强制保险方案以及由投资竞争保函、建设履约保函、运营维护保函和移交维修保函组成的履约保函体系。

调整衔接边界主要明确应急处置、临时接管和提前终止、合同变更、合同展期、项目新增改扩建需求等应对措施。

6.3.2.6 监管架构

监管架构主要包括授权关系和监管方式。授权关系主要是政府对项目实施机构的授权，以及政府直接或通过项目实施机构对社会资本的授权；监管方式主要包括履约管理、行政监管和公众监督等。

6.3.2.7 采购方式选择

项目采购应根据《中华人民共和国政府采购法》及相关规章制度执行，采购方式包括公开招标、竞争性谈判、邀请招标、竞争性磋商和单一来源采购。项目实施机构应根据项目采购需求特点，依法选择适当采购方式。公开招标主要适用于核心边界条件和技术经济参数明确、完整、符合国家法律法规和政府采购政策，且采购中不做更改的项目。

6.3.3 实施方案审核

为确保财政中长期可持续性，财政部门应根据项目生命周期内财政支出、政府债务等因素，对部分政府付费或政府补贴的项目，开展财政承受能力论证，每年政府付费或政府补贴等财政支出不得超出当年财政收入的一定比例。通过物有所值评价和财政承受能力论证的项目，可进行项目准备。在 PPP 项目正式签订合同时，财政部门（或 PPP 中心）应当对合同进行审核，确保合同内容与财政承受能力论证保持一致，防止因合同内容调整导致财政支出责任出现重大变化。财政部门要严格按照合同执行，及时办理支付手续，切实维护地方政府信用，保障公共服务有效的供给。

6.4 PPP 项目采购

6.4.1 资格预审

根据《政府和社会资本合作项目政府采购管理办法》第五条，PPP 项目采购应当实行资格预审。项目实施机构应根据项目需要准备资格预审文件，发布资格预审公告，邀请社会资本和与其合作的金融机构参与资格预审，验证项目能否获得社会资本响应和实现充分竞争，并将资格预审的评审报告提交财政部门（政府和社会资本合作中心）备案。

项目有3家以上社会资本方通过资格预审的，项目实施机构可以继续开展采购文件准备工作；项目通过资格预审的社会资本方不足3家的，项目实施机构应在实施方案调整后重新组织资格预审；项目经重新资格预审合格社会资本方仍不够3家的，可依法调整实施方案选择的采购方式。

资格预审公告应在省级以上人民政府财政部门指定的媒体上发布。资格预审合格的社会资本方在签订项目合同前资格发生变化的，应及时通知项目实施机构。

资格预审公告应包括项目授权主体、项目实施机构和项目名称、采购需求、对社会资本方的资格要求、是否允许联合体参与采购活动、拟确定参与竞争的合格社会资本方的家数和确定方法，以及社会资本方提交资格预审申请文件的时间和地点。提交资格预审申请文件的时间自公告发布之日起不得少于15个工作日。

PPP项目资格预审流程如下：

（1）发布审查分为资格预审和资格后审；

（2）资格预审申请文件递交及截止；

（3）资格预审及预审结果公示和备案；

（4）其他。

6.4.2 采购文件编制

（1）编制项目采购文件。采购文件诸要素组成：采购邀请、竞争者须知（包括密封、签署、盖章要求等）、竞争者应提供的资格、资信及业绩证明文件、采购方式、政府对项目实施机构的授权、实施方案的批复和项目相关审批文件、采购程序、响应文件编制要求、提交响应文件截止时间、开启时间及地点、强制担保的保证金缴纳数额和形式、评审方法、评审标准、政府采购政策要求、项目合同草案及其他法律文本等。

采用竞争性谈判或竞争性磋商采购方式的，项目采购文件除上述规定的内容外，还应明确评审小组根据与社会资本谈判情况可能实质性变动的内容，包括采购需求中的技术、服务要求以及合同草案条款。

（2）采购文件的澄清或修改。PPP项目采用公开招标、竞争性磋商或竞争性谈判的采购方式进行采购时，在采购文件（或磋商文件、谈判文件）的发售过程中，按照相关法律法规及财政部规范性文件的规定，项目实施机构可以对采购文件进行必要的澄清或修改。

澄清或修改可能影响响应文件的编制的，如采用公开招标方式，应在招标文件要求提交投标文件截止时间至少15日前，以书面形式通知所有收受招标文件的社会资本方；如采用竞争性磋商采购方式，应在提交首次响应文件截止时间至少5日前书面形式通知所有获取磋商文件的社会资本方，不足5日的，项目实施机构应顺延提交响应文件的截止时间；而如采用竞争性谈判采购方式的，应在提交首次响应文件截止之日3个工作日前，以书面形式通知所有接收谈判文件的社会资本方。

6.4.3 响应文件评审

项目实施机构应按照采购文件规定组织响应文件的接收和开启。项目采用公开招标、邀请招标、竞争性谈判、单一来源采购方式开展采购的，按照政府采购法律法规及有关规定执行。项目采用竞争性磋商采购方式开展采购的，评审小组对响应文件进行以下两阶段评审。

第一阶段：确定最终采购需求方案。评审小组可以与社会资本进行多轮谈判，谈判过程中可实质性修订采购文件的技术、服务要求以及合同草案条款，但不得修订采购文件中规定的不可谈判核心条件。实质性变动的内容，须经项目实施机构确认，并通知所有参与谈判的社会资本。具体程序按照《政府采购非招标方式管理办法》及有关规定执行。

第二阶段：综合评分。最终采购需求方案确定后，由评审小组对社会资本方提交的最终响应文件进行综合评分，编写评审报告并向项目实施机构提交候选社会资本方的排序名单。具体程序按照《政府采购货物和服务招标投标管理办法》及有关规定执行。

6.4.4 采购结果确认谈判

项目实施机构应在资格预审公告、采购公告、采购文件、采购合同中，列明对本国社会资本方的优惠措施及幅度、外方社会资本采购我国生产的货物和服务要求等相关政府采购政策，以及对社会资本方参与采购活动和履约保证的强制担保要求。社会资本方应以支票、汇票、本票或金融机构、担保机构出具的保函等非现金形式缴纳保证金。参加采购活动的保证金的数额不得超过项目预算金额的2%。履约保证金的数额不得超过政府和社会资本合作项目初始投资总额或资产评估值的10%。无固定资产投资或投资额不大的服务型合作项目，履约保证金的数额不得超过平均6个月的服务收入额。

项目实施机构应组织社会资本方进行现场考察或召开采购前答疑会，但不得单独或分别组织只有一个社会资本方参加的现场考察和答疑会。

项目实施机构应成立专门的采购结果确认谈判工作组。按照候选社会资本的排名，依次与候选社会资本方及与其合作的金融机构就合同中可变的细节问题进行合同签署前的确认谈判，率先达成一致的即为中选者。确认谈判不得涉及合同中不可谈判的核心条款，不得与排序在前但已终止谈判的社会资本方进行再次谈判。

6.4.5 签署谈判备忘录、合同公示及其他

确认谈判完成后，项目实施机构应与中选社会资本方签署确认谈判备忘录，并将采购结果和根据采购文件、响应文件、补遗文件和确认谈判备忘录拟定的合同文本进行公示，公示期不得少于 5 个工作日。合同文本应将中选社会资本方响应文件中的重要承诺和技术文件等作为附件。合同文本中涉及国家秘密、商业秘密的内容可以不公示。

公示期满无异议的项目合同，应在政府审核同意后，由项目实施机构与中选社会资本方签署。需要为项目设立专门项目公司的，待项目公司成立后，由项目公司与项目实施机构重新签署项目合同，或签署关于承继项目合同的补充合同。项目实施机构应在项目合同签订之日起 2 个工作日内，将项目合同在省级以上人民政府财政部门指定的媒体上公告，但合同中涉及国家秘密、商业秘密的内容除外。

6.5 PPP 项目执行

6.5.1 成立项目公司

社会资本方可依法设立项目公司，政府可指定相关机构依法参股项目公司。项目实施机构和财政部门应监督社会资本方按照采购文件和项目合同约定，按时足额出资设立项目公司。

6.5.2 项目融资

（1）社会资本方或项目公司负责项目融资，包括：融资方案设计、机构接洽、合同签订和融资交割等工作。

（2）社会资本方或项目公司未按照项目合同约定完成融资的，政府可提取履约保函直至终止项目合同。

（3）遇到系统性金融风险或不可抗力的，政府、社会资本方或项目公司可根据项目合同约定协商修订合同中相关融资条款。

6.5.3 绩效监测与支付

社会资本方项目实施机构应根据项目合同约定，监督社会资本方或项目公司履行合同义务，定期监测项目产出绩效指标，编制季报和年报，并报财政部门（政府和社会资本合作中心）备案。

（1）政府支付。项目合同中涉及的政府支付义务，财政部门应结合中长期财政规划统筹考虑，纳入同级政府预算，按照预算管理相关规定执行。财政部门和项目实施机构应建立 PPP 项目政府支付台账，严格控制政府财政风险。

(2) 利益分享、奖励和惩处。政府有支付义务的，项目实施机构应根据项目合同约定的产出说明，按照实际绩效直接或通知财政部门向社会资本方或项目公司及时足额支付。设置超额收益分享机制的，社会资本方或项目公司应根据项目合同约定向政府及时足额支付应享有的超额收益。

项目实际绩效优于约定标准的，项目实施机构应执行项目合同约定的奖励条款，并可将其作为项目期满合同能否展期的依据；未达到约定标准的，项目实施机构应执行项目合同约定的惩处条款或救济措施。

6.5.4 合同履约管理

PPP 项目本质上就是公私部门为提供公共产品或公共服务所达成的契约关系。由于 PPP 项目实施周期较长，因此合同的履行存在更多的不确定性。2015 年，财政部印发了《PPP 项目合同指南（试行）》，对 PPP 项目的合同管理做出了要求，对合同的起草、谈判、履行、变更、解除、转让、终止直至失效的全过程进行管理。通过合同正确表达意愿，强化契约关系，夯实合作的基础。

一般而言，养老服务 PPP 项目合同的主体内容应当包含以下内容：

第一，履约要求，即明确要求养老设施、养老服务需要达到的数量和质量标准，并且明确设置监控执行的机制，包括惩罚机制；

第二，支付机制，明确社会资本方获得收益的方式，使用者付费、政府付费还是混合模式，保证社会资本方在项目实施过程中合理的收益；

第三，调整机制，建立合同履行过程中基于客观情况变化而进行的合约调整机制，比如在物价上涨基础上，养老服务收费价格的调整机制等；

第四，争议处理机制，明确合同争议后的纠纷处理机制，比如通过诉讼还是仲裁的方式解决纠纷，是否适用特别的管辖或法律法规等；

第五，项目终止条款，明确养老服务 PPP 项目的合同终止期限、项目移交条款，以及因为客观环境变化可能导致的项目提前终止的情形等。

同时，要建立并完善合同治理的监督机制。养老服务 PPP 项目关乎政府部门、社会资本方、老年人以及社会公益的实现。为保证项目高质量的实施，项目参与方尤其是公共部门一方应加强对项目的监管，利用信息公开的平台保证公众对项目监督权的实现，同时，加强对项目的绩效管理，提升项目质量。

6.5.5 中期评估

项目实施机构每 3~5 年对项目进行中期评估，重点分析项目运行状况和项目合同的合规性、适应性和合理性；及时评估已发现问题的风险，制订应对措施，并报财政部门备案。

6.5.5.1 中期评估的必要性

政府方面：中期评估帮助政府进一步了解项目进展和运营情况。对于政府无法及时进行调研和深入了解的细节以及专业问题，专业的评估报告可为其提供有效的参考信息。中期评估也包括对政府监管的检测，有利于政府调整监管的方向和重点，充分发挥监管资源和自身优势。

社会资本方方面：中期评估是投资者及项目公司从第三方角度了解企业的依据。中期评估报告可以提供企业运营状况的有效记录，为企业提高管理和经营水平奠定基础。同时，能够促进政府和社会资本方沟通的效率，有利于双方共同推进特许经营项目的持续健康发展。

6.5.5.2 中期评估的主要方式

方式一：政府公用事业主管部门组织相关人员对特许经营项目进行中期评估；

方式二：政府公用事业主管部门委托咨询机构作为第三方对特许经营项目进行中期评估。

6.5.5.3 中期评估的内容

根据政府规定以及双方签订的特许经营协议中的约定，可知中期评估主要应是对特许经营企业的经营情况进行相关调研评估。

6.5.5.4 中期评估步骤

（1）设计合理评估体系；

（2）应用合理调研方法；

（3）确定综合评分方法；

（4）设定评分标准；

（5）评分确定评估结果。

6.6 PPP项目移交

PPP项目特许经营期满后，项目公司便需要将项目的经营权（或所有权与经营权同时）向政府移交。项目移交的过程主要分为移交准备、项目资产评估、项目性能和功能测试、资产交割、项目绩效评价5个阶段。

6.6.1 移交准备

项目移交时，项目实施机构或政府指定的其他机构代表政府收回项目合同约定的项目资产。

6.6.1.1 移交内容

（1）项目设施；

（2）项目土地使用权及项目用地相关的其他权利；

（3）与项目设施相关的设备、机器、零部件、备品备件以及其他资产；

（4）项目实施相关人员；

(5) 运营维护项目设施所要求的技术和技术信息;

(6) 与项目设施相关的手册、图纸、文件资料(书面文件及电子文档);

(7) 移交项目所需的其他文件。

6.6.1.2 移交的条件和标准

项目公司需确保移交的项目设施不存在任何抵押、质押等担保权益或产权约束,亦不得存在任何种类和性质的索赔权。通常包括以下两类条件和标准:

(1) 权利方面的条件和标准。项目设施、土地及所涉及的任何资产不存在权利瑕疵,其上未设置任何担保及其他第三人的权利。但在提前终止导致移交的情形下,如移交时尚有未清偿的项目贷款,就该未清偿贷款所设置的担保除外。

(2) 技术方面的条件和标准。项目设施应符合双方约定的技术、安全和环保标准,并处于良好的运营状态,需满足项目正常运营使用,且达到本项目绩效考核标准要求,其他未尽事宜由双方另行约定。

6.6.2 项目资产评估和性能测试

项目实施机构或政府指定的其他机构应组建项目移交工作组,根据项目合同约定与社会资本或项目公司确认移交情形和补偿方式,制定资产评估和性能测试方案。

6.6.2.1 项目资产评估

项目移交工作组应委托具有相关资质的资产评估机构,按照项目合同约定的评估方式,对移交资产进行资产评估,作为确定补偿金额的依据。具体流程如下:

(1) 组建与评聘 PPP 项目公司所移交项目的价值评估机构;

(2) 制定 PPP 项目公司移交项目价值评估的评估计划;

(3) 确定 PPP 项目公司移交项目价值评估的组织工作;

(4) 遴选 PPP 项目公司移交项目价值评估所需资料;

(5) 确定 PPP 项目公司移交项目价值评估的范围等;

(6) 完成评估报告。

6.6.2.2 项目性能测试

项目移交工作组应严格按照性能测试方案和移交标准对移交资产进行性能测试。性能测试结果不达标的,移交工作组应要求社会资本或项目公司进行恢复性修理、更新重置或提取移交维修保函,以确保项目移交时满足约定要求。

6.6.3 资产交割

社会资本或项目公司应将满足性能测试要求的项目资产、知识产权和技术法律文件,连同资产清单移交项目实施机构或政府指定的其他机构,办妥法律过户和管理权移交手续。社会资本或项目公司应配合做好项目运营平稳过渡相关工作。

(1) 项目相关合同的转让。项目公司在项目建设和运营阶段签订的一系列尚未履行完毕的合同(包括工程承包合同、运营服务合同、原料供应合同、产品或服务购买合同、融资租赁合同、保险合同以及租赁合同等）由项目公司转让给政府或政府指定的其他机构。接受机构有权根据上述合同对于项目运营的重要性，决定合同是否转让。如上述合同包含尚未期满的相关担保，应根据接收机构要求一并转让。为能够履行上述义务，项目公司应在签署这些合同时即与相关合同方（如承包商或运营商）明确约定，在项目移交时同意项目公司将所涉合同转让给政府或政府指定的其他机构。

（2）技术转让。社会资本方或项目公司应向接收机构移交其在运营期间形成的一切商标、专利、软件、版权、专有技术及所有知识产权或无形资产的文件，并确保接收机构不会因使用这些技术而承担任何侵权责任。接收机构将无偿拥有该知识产权或无形资产的使用权，且有权将该知识产权用于本项目及项目的扩建工程，而社会资本或项目公司仍为知识产权的所有权人。

如果上述技术的使用权到移交日已期满，社会资本或项目公司有义务协助接收机构以不高于项目公司在移交日前使用此技术时所付出的代价取得这些技术的使用权，如接收机构无法以同等代价取得，社会资本或项目公司须承担接收机构由此多付出的代价，相关费用在项目公司的履约保函中扣除。

6.6.4 项目绩效评价

项目移交完成后，财政部门（PPP中心）应组织有关部门对项目产出、成本效益、监管成效、可持续性、PPP模式应用等进行绩效评价，并按相关规定公开评价结果。评价结果可作为政府开展PPP管理工作决策参考依据。至此，一个PPP项目的生命周期正式结束。

6.7 各阶段核心文件

各PPP阶段的核心文件见表6-4。

表6-4 各PPP阶段的核心文件

PPP阶段	核心文件		
项目识别阶段	项目发起	《项目建议书》	
	项目筛选	新建、改建、扩建项目	《项目可行性研究报告》《项目产出说明》《项目初步实施》
		存量项目	《存量项目公共资产历史资料》《存量项目产出说明》《存量项目初步实施方案》
	物有所值评价	《物有所值评价报告》	
	财政承受能力评价	《财政承受能力论证报告》	

续表 6-4

项目准备阶段	《项目实施方案》	
项目采购阶段	资格预审	《资格预审公告》《资格预审申请人须知》《资格预审申请文件》《资格预审评审报告》
	项目采购文件	包括采购邀请、竞争者须知、竞争者应提供的资格、资信及业绩证明文件、采购方式、政府对项目实施机构的授权、实施方案的批复和项目相关审批文件、采购程序、响应文件编制要求、提交响应文件截止时间、开启时间及地点强制担保的保证金缴纳数额和形式、评审方法、评审标准、政府采购政策要求、项目合同草案及其他法律文本等
	采购结果确认谈判与合同签署	《确认谈判备忘录》《项目合同》
项目执行阶段	项目公司设立	《股东协议》《公司章程》《承继项目合同的补充合同》《履约保函》
	融资管理	《融资方案》《融资担保》
	绩效监测与支付	《项目产出绩效指标，编制季报和年报》《政府支付台账》《政府综合财务报告》《项目合同修订报告》《项目争议解决报告》《项目提前终止报告》
	中期评估	《项目中期评估报告》
项目移交阶段	移交准备	《项目移交清单》《移交补偿方案》
	性能测试	《移交资产评估报告》《资产性能测试报告》《法律过户和管理权移交手续》
	绩效评价	《项目绩效评估》

资料来源：政府采购信息报/网 www. ccgp. gov. cn；财政部《政府和社会资本合作模式操作指南》。

7　养老服务 PPP 项目风险管理

7.1　PPP 项目风险管理

PPP 项目风险管理是一种系统工程活动，它涉及 PPP 项目的诸多参与方以及各个方面的因素，贯穿了 PPP 项目从发起阶段到运营维护阶段的整个生命周期，其间应用到大量的系统工程的管理技术方法。根据美国项目管理学会的报告，风险管理有三个定义：（1）风险管理是系统识别和评估风险因素的形式化过程；（2）风险管理是识别和控制能够引起不希望变化的潜在领域和时间的形式、系统的方法；（3）风险管理是在项目期间识别、分析风险因素，采取必要对策的决策科学与艺术的结合。

综上分析，风险管理是指项目管理组织对项目可能遇到的风险进行规划、识别、估计、评价、应对、监控的过程，是以科学的合理方法实现最大安全保障的实践活动的总称。结合养老 PPP 项目的特点，本章主要对 PPP 项目风险管理过程中的风险识别、风险分担、风险应对等主要步骤进行分析。养老服务项目合作周期长，可能遇到的不确定风险较多，风险的识别、分配及管理的体系建设尤为重要。

7.1.1　PPP 项目风险管理的特点

PPP 项目本身具有投入成本大、生命周期长、结构复杂、参与方较多、业务模式多元化、投融资复杂等特性，各个方面的影响因素使其风险管理呈现多元化特征，除了具有复杂多样性、偶然不确定性等特点外，还具有政策导向性、周期阶段性两个典型特点。

（1）复杂多样性。PPP 项目涉及的利益相关者众多，各方基于不同的角度使其诉求呈现多样化。PPP 项目包含一系列的合同、协议，并且涉及多种经济活动，受政治、经济等外部环境影响，导致了 PPP 项目的风险种类多样；同时 PPP 项目业务形态多种多样，有 BOT、ROT、BOO 等多种实现模式，导致 PPP 项目多样化的风险更具有复杂性。

（2）偶然不确定性。PPP 项目的运营管理是一个生命周期较长的复杂动态过程，各个环节均有一定的概率出现相应风险，同时项目涉及众多的参与方，加大了掌控管理过程的难度，因此其风险具有较大的偶然性和不确定性。在 PPP 项目实施过程中，无法预知因素过多，受企业内外因素尤其是环境及政策因素影响，风险发生的可能性也会加大。

(3) 政策导向性。PPP 项目在我国的兴起与发展都离不开国家相关政策的指引，从最初个别项目的尝试性实践，到目前已经广泛应用于我国多个行业的建设运营，尤其是基础设施行业。PPP 模式为了更好地与其他项目相融合，已经发展出多业务模式，且仍在不断探索不断追求高质量发展的过程中，政府根据行业的不同特点相继出台针对性的政策文件，具有非常强的宏观政策的导向性。

(4) 周期阶段性。PPP 项目全生命周期涵盖设计、建设、运营和移交，不同阶段的运作目标和业务性质不同，项目各阶段的主要风险不同，因此各种风险呈现出明显的阶段性的特点。某些风险项目只会在某一特定阶段发生，如 PPP 项目前期手续造成的合法合规风险；有的风险则伴随项目的始终，如合同风险、管理风险等。

7.1.2 PPP 项目风险管理的目标

项目风险管理的目标是控制和处理项目风险，防止和减少损失，减轻和消除风险所带来的不利影响，以最低的成本取得对项目安全保障的满意结果，保障项目的顺利进行。

项目风险管理的目标通常包括相关风险所导致的损失发生前和损失发生后两部分，即损前目标和损后目标，二者共同构成 PPP 项目风险管理的目标系统。

(1) 损前目标。损失发生前的目标是要在风险发生前即做好风险的识别、分析、控制和防范措施。主要任务是识别项目中可能发生的各种风险，预防风险的发生，最大限度地降低风险发生的可能性。

通过项目风险管理降低和消除风险发生的可能性，减少风险事故的发生机会，以经济、合理的方法预防潜在损失的发生。风险事故是造成损失发生的直接因素，PPP 项目相关方需要对风险管理各项技术的运用成本和效益分析，力求以最少费用支出获得最大安全保障效果。

(2) 损后目标。损失发生后的目标是针对已经发生的风险损失，尽最大努力降低或消除风险事故给项目所带来的不良影响，以期维护 PPP 项目运作主体的正常运行。该目标实现的过程会使风险管理的成本不断上升。

通过实施风险管理能够有助于受风险影响的组织迅速恢复正常运转，最大限度地降低风险后果。这一目标要求 PPP 项目相关方在损失控制及其他风险管理工具中选择合适的平衡点，实现有效的风险管理，尽最大可能保证项目运营的稳定性，使其尽快恢复到损失前的水平。

7.2 风险识别

养老项目的风险管理，主要来自政府层面、市场层面、项目层面和不可抗力性风险等。政府层面来说，相关风险包括：行政干预、政策变动和领导换届等。市场层面来说，相关风险包括：市场供求的变化、合作违约和成本变动等。来自项目层面的风险包括：养老模式的改变、不可抗力的风险，如自然灾害等。按照PPP风险分级优化、收益对等和可控的管理原则，在进行养老项目采用PPP模式的风险规避和管理的时候，一般采取在项目的设计、建造、运营和维护的商业风险由社会资本方负担，政策和需求风险由政府负责，不可抗力风险由政府和社会资本方共同负担的方式，实现责任的划分和风险的分配。

正确地识别养老机构PPP模式风险因素是进行风险合理分担的基础。本书根据学术界普遍认可的风险分类方法，并与养老机构项目特点相结合，将养老机构PPP项目风险分为三个层次：宏观风险、中观风险、微观风险。

7.2.1 宏观风险

宏观风险是指外生风险，即风险来源于项目所处的外部环境。具体主要指国家、行业风险及自然风险，如政治法律条件、经济条件、社会条件、气候条件等。从本质上说，这些风险源于发生在项目的系统边界之外的风险事件，越过项目系统边界对项目本身及后期的运营产出产生影响。在养老机构PPP项目的建设发展过程中，还要考虑到相关法律政策、社会观念、市场需求等风险因素。本书将宏观风险分为政治、经济、法律、社会及自然环境五大类。

7.2.1.1 政治环境

政治环境主要是指在我国建设养老机构的相关国家政策，以及PPP模式运用过程中政府公共部门的政策或行为对项目建设运营的影响。

(1) 人口政策。近四十年的计划生育政策使我国保持了稳定的低生育水平，据全国第七次人口普查结果显示，我国人口年平均增长率为0.53%。在控制了人口增长的同时，也使我国从成年型人口国家逐步转变为老龄化人口国家，而长期低生育水平积聚的人口负增长惯性越来越大，长此以往，即使提高生育率也无法避免人口的严重老龄化问题。由于人口结构的重大转变使经济社会发展面临严峻的挑战，如劳动力不足、城镇化加速、人口负债压力逐步增大等。为了积极应对我国人口老龄化现状，中共中央政治局召开会议审议《关于优化生育政策促进人口长期均衡发展的决定》，并指出进一步优化生育政策。2021年7月20日，《中共中央国务院关于优化生育政策促进人口长期均衡发展的决定》公布，“三孩”政策正式来临。虽然目前我国施行较为宽松的人口政策，但在短期内也无法改善人口老龄化的现状，这为在养老项目中探索PPP模式提供了长期稳定的政策支撑。

(2) 发展养老机构的扶持政策。基于我国的养老现状，国家政策大力扶持养老机构的建设，由附录1可知近年来关于养老机构建设的相关政策法规，在

2014年之后，国家政策及地方性法规层出不穷，从各个层面来规范鼓励加快养老机构的发展。由此可见，养老机构的发展已成为关系国家老龄化事业的重要部分。对于引入PPP模式进行建设运营的养老机构，现行的扶持政策能使项目规避国家政策层面的风险，但也不排除政策变动、各地政策落实情况差异的影响。

(3) 政府信誉。在项目建设或运营过程中，由于对养老机构PPP运作模式缺乏经验，及客观存在的信息不对称等原因，导致政府部门对项目认识不到位，而做出不合适或错误决策时，政府部门或许会在没有明确理由或进行合理赔偿的情况下，依靠其权利优势拒绝履行在特许权协议中的相关义务，如拒绝付款、终止项目、特许经营期未满征收项目等政府失信行为带来的风险。

(4) 审批延误。由于PPP项目有多方参与，利益涉及面广，立项审批需要政府的严格把关，如果政府决策缓慢、行事效率低下，将很容易造成审批程序烦琐，导致审批延误，消耗较高成本并影响项目工期。

(5) 腐败风险。项目建设运营期间如有政府官员或项目负责人官僚作风严重，不合法的权利或影响力索取不合法财物，这将直接导致项目公司在关系维持方面增加成本，并且增加了政府未来的违约风险。

7.2.1.2 宏观经济环境

宏观经济环境主要是指项目所处的外部经济环境对项目产生的影响，本书主要分析利率变动、通货膨胀、融资困难及养老消费能力四点。

(1) 利率变动。社会资本参与方在对养老设施建设的融资中有一部分来自银行贷款，在项目的建设或运营期，利率的波动将直接或间接的造成项目投资成本增加或项目收益减少，而使项目利益相关者遭受利益损失。

(2) 通货膨胀。我国通货膨胀幅度过大将会影响正常的经济秩序，对项目建设产生一系列不利影响。例如通货膨胀带来的物价上涨，将必然导致项目建设原材料及能源的价格上涨；另外，货币贬值使工资水平提高，项目人工费上涨，使建设成本大幅提高。若在合同中未约定调价条款，或调价比例低于成本上涨比例，则项目公司必然遭受利润损失风险。

(3) 融资困难。养老机构的建设具有前期投入大、投入及回报周期长、利润率低的特点，因此银行等金融机构对养老机构申请贷款大多回避，因行业盈利点低而不愿放贷；另外，金融机构服务方式保守、政府税费优惠和补贴支持不到位、项目融资结构不合理等，种种原因导致养老机构融资困难，对项目建设运营造成一定的资金风险。

(4) 养老消费能力。老年人对养老机构服务的需求，与老年人的消费能力密切相关。我国的人口老龄化最突出的特点就是“未富先老”，虽然生活水平逐年提高，但居民可支配收入水平总体偏低。部分劳动所得、退休养老金及家庭供养成为老年人收入的主要来源。随着年龄的增长，老年人经济生活中依赖于家庭供养的比例越来越高，自身的可支配收入较少。基于这种现状，老年人自主支付养老机构服务的可能性不高，且需求层次多以中低端为主。PPP 项目最适用于市场需求大且稳定、收费容易且可靠的项目，而养老院在 PPP 项目的应用中需求层次较低。在需求有限的情况下，养老机构将存在一定的运营风险。

7.2.1.3 法律环境

法律环境主要是指养老机构 PPP 项目相关的法律法规的颁布、修订或终止对项目产生的影响，在我国 PPP 项目发展还不成熟，各类政策法规还很不完善，只有在不断发展及实践中才能发现新问题，因此，这类风险产生的可能性较高。本书选取以下三个风险因素：

（1）PPP 相关法律缺失。目前我国关于 PPP 项目的相关法律法规，多以行业部门规章和地方性法规的形式存在，这对 PPP 项目的实施起到了一定的作用，但地方性法规法律效力较低，各地规定存在较大差异及冲突，指导性及可操作性不强；且缺少国家层面的 PPP 法律，这对 PPP 项目的长期及可持续性发展十分不利。

（2）相关法律变更。随着 PPP 在我国的应用与发展，现行的相关法律法规被修订、废止，或者颁布新的规定都是有可能的，这在合同签订时无法预见，因此而导致 PPP 项目的合法性、市场需求、服务收费、特许权协议的有效性等发生变化，将对项目正常的建设运营造成损害，甚至导致项目中止或失败。

（3）合同变更。根据项目的实际发展情况，当出现新需求或新情况时导致合同变更，使项目产生成本增加或工期延长的风险；另外，合同中对公私双方的责任义务、收益分配、风险分担等规定不明确或不合理，将打击项目利益相关方应对风险的主动性，而进行合同协调谈判的成本也较高。

7.2.1.4 社会环境

社会环境是指项目所处的社会文化、观念、地区、民族差异及与养老机构建设运营相关的市场需求、行业发展等，具体的风险因素分析包括：

（1）提供公共服务的传统观念。公共服务的非竞争性与非排他性使提供公共服务一直被认为是政府的重要职能，人们的传统观念对“国营”比较青睐，而对“私营”的公共服务缺少信赖。而随着财政负担加重，政府提供公共服务的质量和效率低下，社会资本进入到公共服务领域，我国现有的养老机构 PPP 模式主要有公办民营、公建民营、民办公助、公租民营和政府购买养老服务模式。

（2）养老观念。时至今日，我国仍有众多老年人不认同机构养老模式，甚至持有抵触情绪。千百年以来的传统观念使老年群体更加认同“养儿防老”的传统养老模式，对养老服务消费的接受能力差。由于不同地区的社会发展水平不同，地区性的养老观念将成为养老机构的运营风险之一。

（3）市场需求变化。就不同地区而言，养老机构所在地的人口变化、居住条件、经济发展等因素都将对市场需求产生影响，导致市场预测与实际需求出现差异而产生运营风险。

（4）相关服务业发展。配套医疗服务、老年活动设施建设等相关服务业的缺乏导致已建成的养老机构孤立而影响投入使用或者需求的风险。

（5）公众满意度。由于养老机构所提供的服务或基础设施不完善而导致用户不满意，甚至引发事故或纠纷，进而导致需求变化等一系列其他风险。

7.2.1.5 自然环境

（1）不可抗力是指自然灾害等项目合同方无法合理预见，发生时又无法回避与控制的情况或事件，若发生将会对项目产生严重影响。

（2）气候主要是指施工地点具有不利的气候及环境条件，从而影响施工进展的风险。

7.2.2 中观风险

中观风险来源于项目本身，风险事件及其后果在项目的系统边界内发生，这些风险反映了 PPP 项目的实施情况。本书按照项目的融资、设计、建设及运营四个阶段分别进行中观风险的识别。

7.2.2.1 融资阶段

（1）融资可行性。养老机构的开办需要大量资金用于建设住房、固定资产购买、聘用工作人员等，项目公司需根据项目实际情况及预期收益设计融资方案。因养老机构项目资金回报周期长、资金周转慢，使项目内部融资能力差。养老机构的外部资金一般来源于政府财政划拨和银行贷款，但现实情况是地方政府往往对财政资金划拨落实不到位，银行融资也存在无抵押、担保难的困境。因此，融资的可行性成为项目能否成功实施的一项重要风险因素。

（2）项目对投资者的吸引力。养老机构属于公共服务领域，就项目自身的局限性及行业的不成熟性而言，对社会资本的吸引力较弱；而金融机构若对项目持消极态度，融资困难，项目实施将面临较大风险。

（3）融资成本高。融资成本的高低很大程度上受到融资方式与融资结构的影响，如果项目公司融资能力欠缺，金融市场状态不理想，很可能出现融资成本过高的风险。

7.2.2.2 设计阶段

（1）设计质量。集设计、建造、运营为一体在项目全生命周期内实现成本节约是 PPP 模式的优点之一，如果设计质量不达标将直接影响到项目后期的施工及运营成本。养老机构的设计应按照《养老设施建筑设计规范》的相关要求。

（2）设计变更。项目建设过程中，由于需求变化等原因而发生设计变更，可能发生返工或增加额外工程量的情况，影响原施工计划，直接造成项目工期延误以及建设成本的增加。在 PPP 项目特许期一定的条件下，使得项目运营期减少。

（3）技术标准未通过。设计规划中的技术标准可能面临未达标或难以实现的风险。

7.2.2.3 建设阶段

（1）土地获取。养老机构建设用地一般采取划拨方式，但从目前我国养老产业的发展来看，养老产业用地没有单独划分，也没有政策支持，这使在供地计划中划拨给养老项目的土地不足，土地获取困难导致养老机构项目开发成本较高。

（2）养老机构建设规范。养老服务全部是在养老建筑中开展，养老机构的建设直接影响到后期的服务质量及运营效率，目前我国尚未出台针对养老机构建筑设施设备的国家标准，一定程度上增加了养老机构 PPP 项目社会资本参与方的运营风险。

（3）建设成本超支。由于设计变更、工程返工、工程延期等原因造成建设成本超支风险。养老地产 PPP 项目往往是由社会资本和政府共同出资建设，双方出资金额比例会在项目建设之前商议确定，在建设过程中由于工期推延、价格上涨等原因造成建设成本超支，双方增加成本投入，进而影响项目投资回收期。

（4）工程质量及安全。因监理不到位、材料或技术不合格造成工程质量问题而导致的返工、维修及赔偿也属于项目的风险因素；建设过程中的安全事件或事故也是项目潜在的风险因素之一。养老地产项目是提供老年人居住、生活照顾、医疗护理、娱乐和精神慰藉等为一体的复合型地产，该类项目的服务对象是老年人，项目的建设质量和舒适程度将直接影响老年人居住数量。因此，项目的建设质量是项目成功运营的重要保障。

（5）设备、材料供应。建设过程中的材料、设备供应，及建设完成后室内设施的标准化配套供应不及时都会影响养老机构正常投入使用。

（6）工程延期。该风险因素是工程项目最普遍的风险事件，如果项目完工时间推迟，随之而来的将会是利息支出增加、机会成本提高及运营期减少等一系列后果，对项目收益产生直接影响。养老地产 PPP 项目的特许期包括项目的建设期和运营期，在特许期一定的情况下，项目建设期的增加，将影响项目未来运营收益。

7.2.2.4 运营阶段

（1）养老机构管理规范。民政部 2013 年颁布了《养老机构管理办法》来规范养老机构的管理，但不同规模的养老机构管理水平参差不齐。总体来看，养老机构管理水平的规范化还处于较低层次，众多不规范的现象依然存在，管理上的漏洞带来的用户满意度及需求量下降成为项目运营风险之一。

（2）养老机构人员管理。人员管理不规范成为养老机构运营的普遍问题，很大一部分养老机构存在岗位不明、职责不清的现象。另外，工作人员构成比例不合理，护理人员总量比较少，持有资格证书的更少，难以很好地满足入住老年人的需求。

（3）运营费用超支。由于政府强制提高服务标准、金融风险、运营意外、运营管理不善等原因造成的运营成本超支。养老地产 PPP 项目属于经营型房地产项目，为降低项目投资风险，提高社会资本投资积极性，政府往往会保证养老地产 PPP 项目的最低收益水平。但是项目的物业维修费、工作人员的工资及福利费、保险费和医疗设备维护维修费等未来的运营成本是由项目公司自己承担，实际支出是否会超过预期的运营成本风险是社会资本投资养老地产需要重点评估的风险因素之一。

（4）运营收益不足。养老机构投入运营后，在特许期内的收益不足以收回投资以及应对预期的风险，可能受收费价格或需求量的影响。

（5）运营价格。在项目公司成立之前，政府会与社会资本方协商签订项目特许期协议，在特许期协议中会对该项目的运营价格进行规定。但是随着国家经济的不断发展，物价上涨，运营成本不断增加，若运营价格在某一时期内保持不变，会直接影响项目的收益。

7.2.3 微观风险

微观风险与项目各参与方相关，是项目实施过程中各利益相关者之间的各类合同关系发展变化所形成的风险，也属于内生风险，本书从合作方关系和第三方责任两方面进行风险识别。其中最主要的风险源于政府公共部门与社会资本方之间的利益冲突，政府公共部门的利益多体现在社会效益的实现，而社会资本方的行为完全由利润驱动，双方关系协调不力，利益冲突不可避免，从而产生影响项目产出的风险。

7.2.3.1 关系

（1）组织协调风险。PPP 模式中项目公司处于核心地位，要对政府公共部门、金融机构、设计方、承建方等各参建方进行利益关系协调，如果组织协调能力差，各方沟通不畅，会影响项目整体进度，甚至可能导致项目失败。

（2）PPP 模式缺乏经验。自 20 世纪 90 年代起，PPP 模式在我国的应用领域逐步扩大，在高速公路、地铁、水务等基础设施和公用事业上都有所发展，并且有很多成功案例。但与其他国家相比，我国 PPP 模式的发展仍然不成熟不完善，在养老机构项目上的应用更少，经验的缺乏成为养老机构 PPP 项目的风险之一。

（3）责任风险分配不合理。项目建设运营过程中风险因素众多，公私双方责任分配不当将无法充分调动双方管控风险、应对紧急情况的积极性，产生推诿、扯皮现象，不得不进行重新谈判增加项目成本。

（4）权利分配不均。PPP 项目由政府公共部门和社会资本参与方合作完成，两者之间存在权力地位的差异，政府方掌握较大控制权会损害社会资本方的权益，因此，权力分配不当也会对项目产生不利影响。

7.2.3.2 第三方风险

（1）分包商违约或破产。分包商违约或破产情况发生，重新选择合作方必然增加交易成本。

（2）材料供应商的违约风险。项目建设各阶段的顺利进行，主要取决于材料供应商对建设材料的及时供应，若出现材料供应商的违约现象，将会导致项目工期延迟、建设成本超支以及运营收益降低等现象。

（3）劳资纠纷。因各种原因导致项目公司员工或劳务队工人纠纷事件也是项目的潜在风险。

7.3 风险分担

一般而言，各参与双方应按照“风险由最适宜的一方来承担”的原则合理分配风险，以保证风险对项目实施的影响最小。因此，在上述风险中，政策风险、法律风险、经济风险等不确定的外部风险，多应由对该风险更具控制能力的政府来承担。而项目本身的内部风险，则根据项目实施的模式不同，分配给相应的一方。比如，采用 BOT 方式实施的养老服务项目，项目建设运营等方面的风险原则上应由社会资本方承担；采用租赁方式实施的公建民营项目，项目设计、建设阶段的风险由政府部门承担，项目运营管理环节的风险则由社会资本方承担。

7.3.1 风险分担原则

要实现项目风险在利益相关方之间的均衡分担需要制定合理的风险分担方案，PPP 项目中政府公共部门与社会资本方属于不同利益的项目合作方。

项目风险分担的目标是使双方对分担方案的满意度达到最大，使风险分配结果有利于减少风险发生的概率、风险发生后造成的损失以及风险管理成本，使 PPP 项目对各方都具有吸引力，不会因一方没有解决好其自身应该承担的风险而使另一方付出代价。这就需要针对不同风险承担主体的风险承担能力，建立与其相对应的风险分担机制，从而使项目实现“双赢”或“多赢”的局面，如图 7-1 所示。

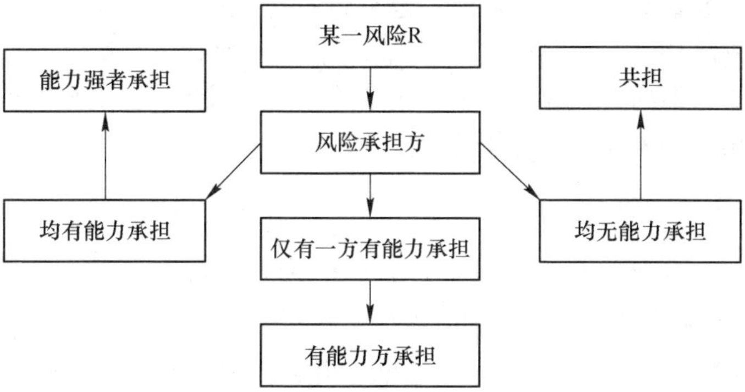

图 7-1 风险分担偏好

结合 PPP 项目投资额较大、建设及运营周期长、特许经营过程中不确定性因素繁多、风险承担主体间关系复杂等特点，在进行风险分担时应主要考虑以下几项原则。

（1）风险由最有控制力的一方承担。当风险由最有控制力的一方承担时，由于风险在其控制力之内，能够有效地为控制风险作出努力，充分利用自身优势减少此类风险发生的概率或风险发生后造成的损失，并且使风险承担成本最低。政府方和社会资本方对风险的控制能力和范围各不相同，与政策、法律相关的风险由政府方控制比较合适，而与投资者自身利益相关的风险则由社会资本方控制比较合适，另外一些难界定的风险可由政府和社会资本双方共同承担。需要注意的是，在实际项目中，双方往往追求自身利益躲避风险而破坏这一原则。

（2）风险成本最低原则。风险成本最低原则就是指政府和社会资本双方风险承担的成本能达到最低，对项目利益的损害最小。风险成本主要由三种效应构成：生产成本效应、交易成本效应以及风险承担成本效应。生产成本效应是指风险的承担可激励承担者提高生产效率，减少风险发生概率，从而降低生产成本。交易成本效应是指在具有确定的风险分担方案时，双方能够避免在该问题上再进行复杂谈判，减少谈判冲突和成本。风险承担成本效应是指承担风险的一方要求另一方提供风险补贴，通常是社会资本方根据因自身承担风险而造成的成本上升情况，对政府公共部门要求一定的经济补贴。

（3）风险与收益对等原则。该原则是指风险承担方根据承担风险的大小获得相应的收益，即一方如果承担较大风险应以获得能够抵消风险而对收益作为回报，这样才能激发参与方应对风险的积极性。但在实际情况中，承担风险与取得收益完全匹配的理想状态少之又少，因此只需能尽量达到风险分担与收益分配使双方满意的状况即可。

（4）承担的风险要有上限。在项目的实施过程中，受各方面原因影响，可能会出现某些风险带来的损失比预计遭受的损失大很多的情况。在这种情况下，不应让参与方的某一方独立承担这些风险，否则必将使承担风险方在项目后续工作中积极性受到影响，导致项目整体收益的降低。因此，对于某些不容易控制的风险必须及早做好风险分担的预防工作。

7.3.2 风险共担机制

对任何一个 PPP 融资项目来讲，风险存在于项目设计、建设、运营管理的全过程。政府部门和社会资本方都需要充分了解项目风险，在项目伊始便应最大可能地预测未来风险并提出应对方案。对于不可预知的风险需要设定相应的调节机制。

政府和社会资本方对风险共担的重要原则是：将风险分配给最有能力承担且能产生最大项目效益的一方，因为它最能控制该风险。总体上，政府部门应该主要承担法律风险、政策风险、最低需求风险等；而社会资本方应主要承担项目设计、建造、财务和运营维护风险；不可抗力等风险由政府和社会资本方合理共担，如图 7-2 所示。对于投资量大、运营周期较长的项目，随着基础设施老化，社会资本方运营困难也在逐步加大，因此需要在项目运作过程中完善一些具体问题，如风险转换、议价的透明度，政府部门对于社会资本方承担的风险如何补偿或补偿多少。

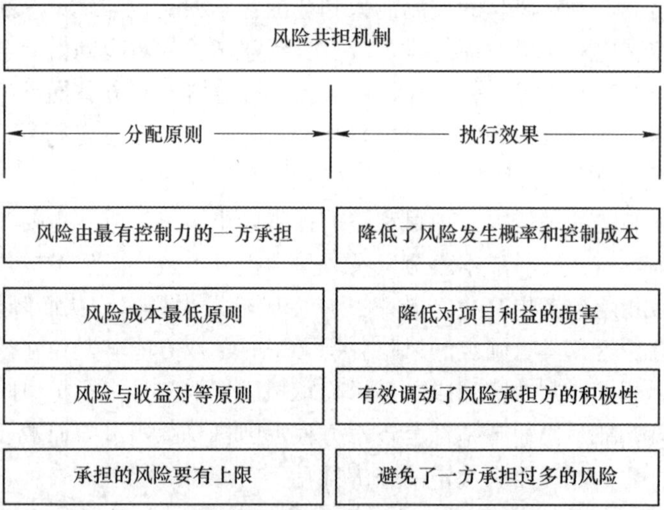

图 7-2 风险共担机制

PPP 项目运营周期长，其间难免会遇到各种难以预见的问题，即不可抗力风险。若问题得不到有效解决，容易导致项目的最终失败。在必要的时候，政府和社会资本方需要对风险分配进行合理调整，共同解决收入低于预期、融资难等问题。因此灵活的变通机制是 PPP 项目成功的必要因素。在变通的过程中，政府和社会资本方需始终保持高度的合作诚意，共同努力解决问题。

7.3.3 风险分配的流程

根据 PPP 项目阶段的划分，风险分配也存在以下三个阶段。

(1) 初步分配阶段。风险的初步分配发生在项目的可行性研究阶段，通常这一阶段是由政府部门来主导的，因为政府部门最了解当地经济发展情况。其中，主要是计算风险的发生概率和风险发生时带来的损害以及风险价值。

风险价值=风险发生的概率×风险发生时带来的损害

这个阶段需要注意，可转移给社会资本方的风险不仅包括传统模式下由其承担的风险，还包括在 PPP 模式下特有的应该由社会资本方承担的风险。因为社会资本方拥有资金、技术和管理上的优势，同时还有在传统模式下所没有的承担风险的积极性。

(2) 全面分配阶段。风险的全面分配发生在项目的投标与谈判阶段，通常分两步进行，如图 7-3 所示。

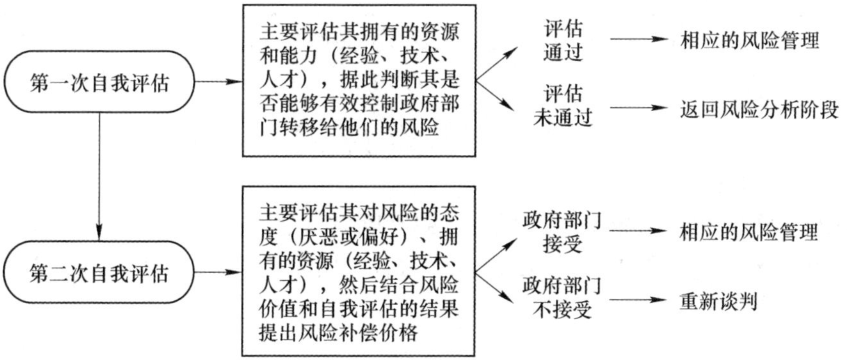

图 7-3 风险的全面分配

在风险全面分配阶段，社会资本方需要进行两次自我评估：其中第一次自我评估不能考虑其对待风险的态度，而再次自我评估则需要考虑社会资本方对待风险的态度。政府部门和社会资本方分别就双方控制力之内和控制力之外的风险分配达成一致之后，双方将签订合同，风险全面分配阶段结束。签订合同时还要根据“承担的风险要有上限”的风险分担原则设置调整条款，调整条款是指由于情况变化而影响了协议双方的权利和义务平衡时，允许协议双方重新审定协议并调整部分条款，以求再次达到双方的权利和义务的平衡。

(3) 跟踪和再分配阶段。风险的跟踪和再分配发生在项目的建设和运营阶段，这一阶段主要任务是跟踪已经得到分配的风险是否发生意料之外的变化或出现未曾识别的风险，然后进行风险的再分配。如果出现未识别的风险，则按照风险初步分配阶段的方法分析和初步分配风险。如果已经识别的风险发生了双方预料之外的变化，则需要判断这种变化对项目是否有害，若是有害的，则启动调整条款进行风险的再分配；若是有利的，则对项目进行“对称性风险分配”。其中对称性风险分配，就是合同在条款中规定，如果项目寿命期出现变动（如原材料价格的下降时）带来正面的影响，即带来收益时，允许双方共同分享该收益。例如，较为普遍的风险类别分配结果可参考表 7-1 确定。

表 7-1 风险分配结果

风险类别		政府方	社会资本方	共同承担
信用风险		★	▲	
建设风险		○	▲	
收益风险		★		
不可控风险	完全不可控			☆
	非完全不可控	★	○	
法律、审批决策风险		★		

注：★政府方主要承担；▲社会资本方主要承担；○参与的情况下主要承担；☆共同承担。

7.4 风险应对

PPP 项目风险应在准确识别风险、明确风险分配的基础上，提出合理的风险应对措施。本书主要针对 PPP 项目运作过程中常见的及重要的风险，提出具体的风险应对措施。

7.4.1 风险应对的依据

风险应对就是指在确定了 PPP 项目中可能存在的风险，并分析出风险概率及其影响程度的基础上，根据风险性质和相关主体对风险的承受能力而制定的回避、承受、降低或者分担风险等相应防范计划，以求将风险降至可接受程度。风险防范主要有以下依据：

（1）PPP 项目风险管理计划。

（2）PPP 项目风险排序。将风险按可能性、对项目目标的影响程度、缓急程度分级排序，以此来确定应对的具体方案和应对程度。

（3）PPP 项目风险的认知。对项目可放弃机会和可接受风险的认知，PPP 项目管理组织对二者的认知度会影响风险应对计划的制定。

（4）PPP 项目风险主体。PPP 项目的利益相关者，他们可以参与制定风险应对的计划。

（5）一般风险的应对。许多风险可能是由某一个共同的原因造成的，这种情况为利用一种应对方案缓和两个或更多风险提供了机会。

7.4.2 风险应对的方法

风险应对的方法共有6种，如图7-4所示。养老PPP项目同样可以采取以下方法进行风险应对。

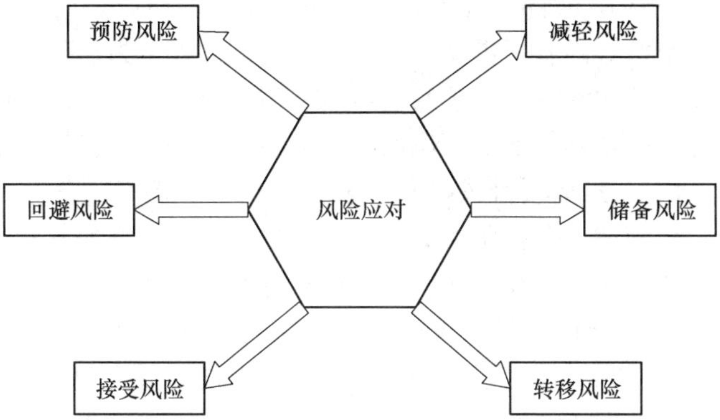

图7-4 风险应对方法

（1）减轻风险主要通过缓和或预知等手段来实现，是存在风险优势时使用的一种风险决策。设法把不利的风险事故概率或后果降低到一个可接受的范围，提前采取行动减少风险发生的可能性或者减少其对项目所造成的影响。

（2）预防风险是指在风险事故发生之前，通过识别风险因素、评估风险发生概率等预测手段，消除或减少可能引起损失的情况而采取的一系列措施。预防风险是一种主动的风险管理策略，是项目风险管理中至关重要的环节，主要通过消除或减少风险因素而降低损失发生频率的目的。

（3）回避风险是指当风险潜在威胁发生可能性太大，又无其他策略可用时，主动放弃项目或改变项目目标与行动的方案，或对受到威胁的一些目标放松要求，以排除风险或条件，从而规避风险。

（4）转移风险是将风险或者风险的后果以及应对风险的责任转移至参与PPP项目的其他方或其他组织，即风险的分担。转移风险实际只是把风险损失的部分或全部以正当理由让他方承担，而并非将其拔除。

（5）接受风险指的是有意识地选择承担风险后果，可分为主动或被动方式。主动接受风险就是积极地制定应急计划，努力将风险事故的影响降到最低；被动接受则是不采取任何行动，被动地接受风险带来的各种影响。由于消除项目的所有风险是几乎不可能实现的，对于必定发生的风险则适合采取接受风险的应对方法。在已经决定不打算为处置某项风险而改变项目计划，且没有其他更好应对方法，或者应对该风险所付的代价太高的情况下，往往采用这种方法。

(6) 储备风险就是根据项目风险规律实现制定应急措施和制定一个科学高效的项目风险计划，一旦项目实际进展与计划不同，就动用后备应急措施。储备风险通常用于应对风险和不确定性带来的损失。

7.4.3 风险应对的措施

(1) 对项目的风险进行充分预测，做好风险防控措施。风险防范作为PPP项目实施中的一个核心内容，贯穿项目的整个实施过程，为消除或减轻项目风险的影响以确保项目的顺利进行，项目各参与方须在各个阶段制定风险管理策略，提前做好项目风险的预测与推演，识别项目中各种风险因素，最大限度地降低风险发生的概率。由于PPP项目风险具有复杂多样性、偶然不确定性的特点，风险防控对于风险管理整个过程尤为重要，要求政府和社会资本各方尽早发现潜在的风险并进行防范，对已经存在的风险进行及时的应对和控制。

(2) 各方要遵循合作共赢的思想，遵守契约精神。政府重合同、守信用的契约精神是PPP成功关键，是消除社会资本顾虑的首要条件。所谓契约精神，是指商品经济所派生的契约关系及其内在原则，是一种平等、尚法、守信的品格，其主要特征除了表现为选择缔约方的自由，还隐含着契约各方的地位平等。PPP项目需要政府与企业长达十几年甚至数十年的合作，政府要树立契约精神，严格按契约规则办事。

(3) 社会资本方和政府方要对项目未来可能出现的风险和收益预留足够的协商空间。养老PPP项目本身具有一定的特殊性，这导致项目开展过程中的风险更加难以预测。同时，政府作为项目的发起方，在项目的开展过程中起着主导作用，通常其对信息的掌握程度远大于社会资本各参与方。因此，政府应调节资源并协同各方，积极预留项目风险应对的协商空间，通过不断沟通与协商来解决风险应对难题。

(4) 项目公司应通过签订委托合同，以合同对价随同将风险转移。社会资本方对项目的参与积极性通常与项目风险的分担及利益的分配直接相关。因此，要积极利用合同工具，明确划分政府和社会资本双方的权利和义务，规范和约束各参与方的行为。合同的签订要涉及风险处理等具体责任的承担，在促进社会资本积极、有效地参与到PPP项目建设中的同时确保项目的良好运行。

(5) 引入商业保险，在运用转移风险的应对方法向第三方转移项目风险时，通过支付合理的保费来转移不确定性大、损失额度高的风险。同时，应在特许权协议中详尽规定应承担的责任与义务、风险应对及违约处理事项，强化涉及公私方的利益条款，一旦出现问题可依章办事，以维护PPP项目各参与方的共同利益。

8 基于改进区间 Shapley 值的养老 PPP 项目收益分配研究

8.1 养老 PPP 项目区间 Shapley 值收益分配模型

8.1.1 区间 Shapley 值收益分配模型

1953 年，L. S. Shapley 第一次提出 Shapley 值法。在有 n 个局中人从事的利益活动中，Shapely 值法用来分配因合作人数增加而带来最大的效益。但因实际分配过程中存在着信息不完全、问题认识模糊等不确定性因素，局中人在决策之前不能确定收益值，只能确定收益值的范围。为解决此问题，Aubin 提出模糊合作博弈的概念，通过［0，1］之间的一个模糊数确定局中人的参与度；Mares 直接定义了具有 n 人模糊支付函数对策的 Shapley 值；在此基础上，陈雯等在支付函数是模糊数的合作对策环境下，构造了模糊 Shapley 值，并给出收益分配方案；于晓辉进一步提出了具有区间支付的合作对策 Shapley 值，简称为区间 Shapley 值，定义如下：

二元组 $(N, \bar{v})$ 称为局中人集合 $N=\{1, 2, \cdots, n\}$ 上的模糊合作对策，其中 $\bar{v}$ 是定义在 N 的幂集 $P(N)$ 上，取值在区间数集合 $\overline{R}$ 上的模糊支付函数。区间支付函数 $\bar{v}(S)=[v^-(S), v^+(S)]$，表示联盟 $S \in P(N)$ 中各个局中人通过合作所能得到的收益区间，其中 $v^-(S)$ 是 S 中的各个局中人共同合作可能获得的最小收益，$v^+(S)$ 是 S 中的各个局中人可能获得的最大收益。定义区间 Shapley 函数 $\varphi_k(\bar{v})=[\varphi_k^-(\bar{v}), \varphi_k^+(\bar{v})]$，为局中人 k 在本次合作中所分配的收益，其中 $\varphi_k^-(\bar{v})$ 表示最小分配值，$\varphi_k^+(\bar{v})$ 表示最大分配值，分别用公式（8-1）和式（8-2）计算。计算结果 $\varphi_k(\bar{v})$ 即为区间 Shapley 值。计算依据来自 L. S. Shapley 给出的三条经典公理：有效性公理、对称性公理、可加性公理。于晓辉等学者在研究中利用区间数运算的性质，对三条公理进行证明。

$$\varphi_k^+(\bar{v}) = \sum_{k \in S \in P(N)} \gamma_s [v^+(S) - v^+(S \setminus \{k\})] \tag{8-1}$$

$$\varphi_k^-(\bar{v}) = \sum_{k \in S \in P(N)} \gamma_s [v^-(S) - v^-(S \setminus \{k\})] \tag{8-2}$$

$$\gamma_s = \frac{(|S|-1)!\,(n-|S|)!}{n!} \tag{8-3}$$

特别的，在公式（8-1）~式（8-3）中，$P(N)$ 为集合中包含局中人 i 的所有子集，$|S|$ 表示子集 S 联盟的成员个数，γ_s 视为加权因子，$v^-(S \setminus \{k\})$ 表示联盟 S 中去除 k 成员后可获得的最小收益，$v^+(S \setminus \{k\})$ 表示联盟 S 中去除 k 成员后可获得的最大收益，$\bar{v}(S \setminus \{k\}) = [v^-(S \setminus \{k\}),\ v^+(S \setminus \{k\})]$。

根据需要在此处定义一个区间数的减法运算：$\bar{x} * \bar{y} = [x^- - y^-,\ x^+ - y^+]$，且对于任意 $\alpha>0$ 正数，$\bar{x} * \bar{y} \in \overline{R}$，有 $\alpha(\bar{x} * \bar{y}) = \alpha\bar{x} * \alpha\bar{y}$。

8.1.2 模型应用于养老 PPP 项目收益分配的适宜性分析

养老 PPP 模式是指政府特许具有投资运营能力的社会资本参与到养老设施的建设运营中，在弥补政府财政困难的同时，充分发挥社会资本的专业性优势，以提高养老项目运行效率，促进养老事业稳步发展。在性质上，养老 PPP 项目采用股权合作形式，提倡政府与社会资本方产权共享；在经营上，政府与社会资本方风险共担、利益共享，提倡合作共赢。因此，养老 PPP 项目实质上是政府与社会资本方间的合作联盟，且双方收益分配是合作联盟的博弈问题，可采用基于合作博弈理论的区间 Shapley 值法分配合作联盟中的收益。

进一步，在收益分配要求方面，政府和社会资本方合作所获收益不低于各自单独建设养老设施所获收益。应用区间 Shapley 值法进行养老 PPP 项目收益分配，能够充分满足个体建设与合作建设的利益关系，得到合理的分配区间。在收益分配原则方面，合作双方需满足：（1）公平分配原则，即平等对待合作双方；（2）科学合理原则，即综合考虑养老项目的复杂性，科学合理地确定收益分配方案；（3）盈利不暴利原则，即将社会资本的收益率控制在合理范围以内；（4）收益与风险相匹配原则，即合作双方风险分担比重与项目收益分配成正比。采用基于模糊数学理论的区间 Shapley 值法，能够科学考虑联盟双方对项目的边际贡献，并结合现实情况，公平地给出收益分配区间。

8.2 养老 PPP 项目区间 Shapley 值收益分配模型改进

现实环境中，考虑局中人特点和行为对养老 PPP 项目收益分配的影响，需对区间 Shapley 值收益分配模型进行改进。

8.2.1 养老 PPP 项目收益分配的影响因素识别

养老 PPP 项目收益分配的影响因素分为总体收益影响因子和收益分配影响因子两类。总体收益影响因子主要通过改变 PPP 项目的总收益，增加政府和社会资本双方的收益分配绝对值，该因素在养老项目中表现为用户满意度；收益分配影响因子主要通过政府和社会资本方的行为确定收益分配的比例。本书统计

10 篇文献中收益分配影响因素的识别频次（见表 8-1），结合养老设施特点，将收益分配影响因子识别为如图 8-1 所示的四种。

表 8-1 现有文献收益分配影响因素频次表

收益分配影响因素	资源投入	风险分担	项目参与度	合同执行度	贡献度	创新能力	监督力度	激励机制	努力水平	任务复杂度
出现频次	8	9	1	4	5	1	2	1	2	1

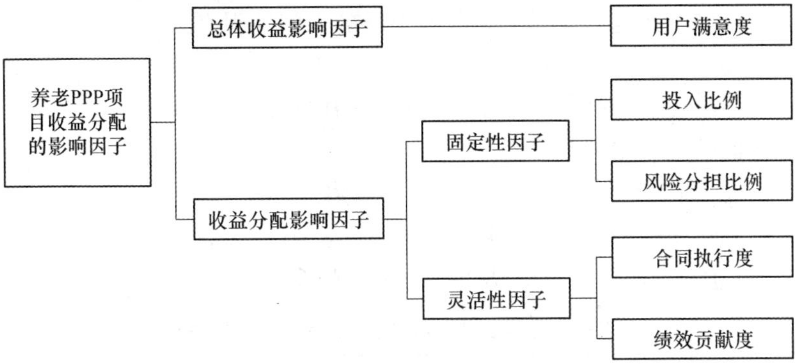

图 8-1 收益分配影响因素

（1）用户满意度。用户满意度因素会直接影响养老 PPP 项目的整体收益，在设施和服务上满足老年人各方需求的养老机构，不但能够留住已入住老人，也会吸引更多的老年人，提高入住率，增加项目总收益值，政府和社会资本方均能提高收益分配的绝对值。

（2）资源投入。在养老 PPP 项目中，显性资源投入包括资金、养老服务团队、土地等，隐性资源投入包括特许经营权、政府相关优惠政策等。通常而言，收益分配与资源投入成正相关。资源投入的对应指标有：资金投入、服务团队及管理投入、政策投入。

（3）风险分担。收益是对承担风险和提高效率的奖励，在 PPP 项目中，通常用利益相关者投入的风险成本来确定风险承担比例。风险分担的对应指标有：政治风险、法律风险、市场风险、社会管理风险。特别的，养老 PPP 项目中的政策优惠申请风险、建筑设计合理性风险等特有风险，在指标划分时已考虑在内。

（4）合同执行度。合同的执行度是指政府和社会资本方双方履行 PPP 合同实质性内容的程度。PPP 项目是以政府和社会资本合作为基础的，合同执行度可以反映双方在履行合同期间的努力程度，避免履约不积极的现象。合同执行度的对应指标有：工程前期准备情况、工程建设阶段履约情况、运营阶段履约情况。

(5) 绩效贡献度。养老 PPP 项目的建设环境复杂多变，通过贡献度指标，一方面证明政府和社会资本方的行为是否对项目的推动起到了积极的作用，另一方面公平考量二者在项目建设中的贡献和牺牲，并做相应的收益分配。绩效贡献度的对应指标有：制度创新、技术创新、项目推动、突发事件处理。

8.2.2 收益分配指标体系及权重确定

由于总体收益影响因子是影响收益总量的关键性因素，并没有在收益的分配过程中产生倾向性，因此在修正阶段不考虑该类因素的影响。选择资源投入、风险分担、合同执行度和绩效贡献度作为修正的评价因素，并采用层次分析法确定各评价因素的权重系数，具体步骤如下：

(1) 构造层次分析模型。定义准则层为 $\boldsymbol{B}=(B_1, B_2, B_3, B_4)$，根据准则层因素要求确定指标层，定义指标层为 $\boldsymbol{C}=(C_{11}, C_{12}, \cdots, C_{ij}, \cdots, C_{4n})$，其中 $i=1, 2, 3, 4$; $j=1, 2, \cdots, n$，指标体系见表 8-2。

表 8-2 养老机构 PPP 项目收益分配指标体系

目标层	准则层	指标层
养老机构 PPP 项目收益分配 A	资源投入 B_1	资金投入 C_{11}
		服务团队及管理投入 C_{12}
		政策投入 C_{13}
	风险分担 B_2	政治风险 C_{21}
		法律风险 C_{22}
		市场风险 C_{23}
		社会管理风险 C_{24}
	合同执行度 B_3	项目前期准备情况 C_{31}
		工程建设阶段履约情况 C_{32}
		运营阶段履约情况 C_{33}
	绩效贡献度 B_4	制度创新贡献 C_{41}
		技术创新贡献 C_{42}
		项目推动贡献 C_{43}
		突发情况处理贡献 C_{44}

(2) 构造判断矩阵。选择 10 名行业专家对各指标进行评审，采用 1~9 标度法，针对上一层的某个因素，对下一层的各个因素进行两两比较。以准则层为例，形成比较判断矩阵，结果见表 8-3。

表 8-3 准则层判断矩阵

B	资源投入 B_1	风险分担 B_2	合同执行度 B_3	绩效贡献度 B_4
资源投入 B_1	1.00	1.00	3.00	2.00
风险分担 B_2	1.00	1.00	3.00	2.00
合同执行度 B_3	0.33	0.33	1.00	1.00
绩效贡献度 B_4	0.50	0.50	1.00	1.00

(3) 计算各因素权重。养老机构 PPP 项目的准则层权重记为：$\boldsymbol{W}=(W_1, \cdots, W_i, \cdots, W_n)$，其中 $i=1, 2, 3, 4$；指标层权重记为：$\boldsymbol{W}_i=(W_{i1}, \cdots, W_{ij}, \cdots, W_n)$，其中 $j=1, 2, \cdots, n$；满足 $\boldsymbol{W}_i \geqslant 0$ 且 $\sum \boldsymbol{W}_i = 1$。仍以准则层为例，采用方根法计算判断矩阵最大特征根和对应的特征向量，结果见表 8-4。

表 8-4 评价指标权重

指标名称		权重向量	λ_{max}	CR
指标层	资源投入	$\boldsymbol{W}_1$ = [0.58, 0.23, 0.19]	3.054	0.046
	风险分担	$\boldsymbol{W}_2$ = [0.14, 0.14, 0.34, 0.38]	4.153	0.057
	合同执行度	$\boldsymbol{W}_3$ = [0.17, 0.39, 0.44]	3.252	0.016
	绩效贡献度	$\boldsymbol{W}_4$ = [0.11, 0.14, 0.42, 0.33]	4.053	0.020
准则层		$\boldsymbol{W}$ = [0.35, 0.35, 0.14, 0.16]	4.021	0.008

8.2.3 养老 PPP 项目收益分配修正系数的确定

在确定了评价指标体系的基础上，对养老 PPP 项目收益分配的影响因素进行模糊综合评价修正。

第一步，确定评价因素为 $\boldsymbol{B}=(B_1, B_2, B_3, B_4)$，分别代表资源投入、风险分担、合同执行度和绩效贡献度；构造评语等级 $\boldsymbol{V}=(V_1, V_2, V_3, V_4)$ = {很重要，重要，一般，不重要}。

第二步，确定评价矩阵 $\boldsymbol{R}=(r_{ij})_{m \times n}$。10 名专家分别对准则层和指标层进行打分，确定因素获得评价 $V_j(j=1, 2, \cdots, n)$ 的概率，得到单因素评价集 $\boldsymbol{r}_i=(r_{i1}, \cdots, r_{ij}, \cdots, r_{in})$，各因素的评语等级确定后，便得到评价矩阵 $\boldsymbol{R}$。

第三步，确定指标层和准则层的权重向量集 $\boldsymbol{W}$，见表 8-4。

第四步，引入向量 $\boldsymbol{D}$ 为决策集，$\boldsymbol{D}=\boldsymbol{R} \cdot \boldsymbol{W}$，其中“·”为加权平均模糊算子，归一化处理后得到向量 $\boldsymbol{D}'$。局中人 k 的修正系数为 $P_k=\boldsymbol{D}'\boldsymbol{V}^T$，归一化处理后得到 P'_k，即为养老 PPP 项目收益分配的修正系数。

8.2.4 基于因素修正的改进区间 Shapley 值收益分配计算

在养老 PPP 项目中，若不考虑修正因素，n 个利益相关者对收益分配的影响是相同的，记为 $\frac{1}{n}$。若考虑修正因素，局中人 k 的修正系数为 P'_k，且 $\sum_{k=1}^{n} P'_k = 1$，则因素修正前后的影响差值为：

$$\Delta P_k = P'_k - \frac{1}{n}$$

$\Delta P_k > 0$，表示在考虑资源投入、合同执行度、风险分担和绩效贡献度四个因素的情况下，评价值高于原情况，应该分配更多的收益；$\Delta P_k < 0$，表示评价值低于原情况，应该减少分配的收益；$\Delta P_k = 0$，收益不需要调整。其中，$\sum_{k=1}^{n} \Delta P_k = 0$。

养老 PPP 项目的区间支付函数为 $\bar{v}(S) = [v^-(S), v^+(S)]$，调整后参与方 P_k 的实际分配值为：

$$\Delta\varphi_k(\bar{v}) = \Delta P_k \times \bar{v}(S)$$

$\Delta\varphi_k(\bar{v})$ 可以为正也可以为负，此时，局中人 k 获得实际收益区间为：

$$\varphi'_k(\bar{v}) = \varphi_k(\bar{v}) + \Delta\varphi_k(\bar{v})$$

即：

$$\varphi'_k(\bar{v}) = [\varphi^-_k(\bar{v}) + \Delta\varphi^-_k(\bar{v}), \varphi^+_k(\bar{v}) + \Delta\varphi^+_k(\bar{v})]$$

且：

$$\sum_{k=1}^{n} \varphi'_k(\bar{v}) = \sum_{k=1}^{n} \varphi_k(\bar{v}) + \sum_{k=1}^{n} \Delta\varphi'_k(\bar{v}) = \bar{v}(S)$$

由以上分析可知，修正后的总收益没有改变，但收益分配的绝对值在局中人之间得到调整，分配方案更加合理。

8.3 算例分析

8.3.1 收益分配方案确定

财政部政府与社会资本合作中心数据显示，目前入库的大部分养老 PPP 项目综合了居住、养护、娱乐等功能，以医养结合、老年公寓项目居多，因此，本案例选择一处综合性养老公寓为算例研究对象。假定某市区准备采用 PPP 模式建设一家养老机构，建筑面积 9000m^2，其中养老公寓 6000m^2，医护中心 600m^2，休闲等其他场所共 2400m^2；估算投资 1600 万元，按照约 8%的利润率预估收益。政府方的参与者为市民政局 A（以下简称 A 政府），社会资本方的参与者为某建设有限公司 B（以下简称 B 公司）。已知该项目的建设期为 2 年，运营期为 30 年，A 政府向 B 公司授予了特许经营权，现认为 A 政府、B 公司都以实现各自的利润最大化为目的，A 和 B 及二者组成的联盟收益皆为一个收益区间，见表 8-5。根据区间 Shapley 值的概念建立收益分配模型，分别形成 A 政府和 B 公司的收益分配方案，见表 8-6 和表 8-7。

表 8-5 A 政府、B 公司及二者组成联盟的收益区间

局中人	{A}	{B}	{A，B}
收益区间	[50，55]	[58，60]	[120，135]

表 8-6 基于 Shapley 值的 A 政府的收益分配方案

S	$\bar{v}(S)$	$\bar{v}(S\setminus\{k\})$	$\bar{v}(S)*\bar{v}(S\setminus\{k\})$	γ_s	$\gamma_s(\bar{v}(S)*\bar{v}(S\setminus\{k\}))$	$\varphi_A(\bar{v})$
{A}	[50，55]	0	[50，55]	1/2	[25，27.5]	[56，65]
{A，B}	[120，135]	[58，60]	[62，75]	1/2	[31，37.5]	

表 8-7 基于 Shapley 值的 B 公司的收益分配方案

S	$\bar{v}(S)$	$\bar{v}(S\setminus\{k\})$	$\bar{v}(S)*\bar{v}(S\setminus\{k\})$	γ_s	$\gamma_s(\bar{v}(S)*\bar{v}(S\setminus\{k\}))$	$\varphi_A(\bar{v})$
{B}	[58，60]	0	[58，60]	1/2	[29，30]	[64，70]
{A，B}	[120，135]	[50，55]	[70，80]	1/2	[35，40]	

8.3.2 收益分配因素修正

在实际环境中，综合考虑资源投入、风险分担、合同执行度、绩效贡献度四个因素对收益分配的影响，采用模糊综合评价法进行因素修正，选取 10 名专家对各因素的重要程度进行打分，评价等级 $\boldsymbol{V}$=[很重要，重要，一般，不重要]=[0.7，0.5，0.3，0.1]。

以 A 政府的准则层影响因素 $\boldsymbol{B}_1$={资源投入} 为例，通过专家评分得到如下的单因素模糊综合评价矩阵：

$$\boldsymbol{R}_1=\begin{bmatrix}0.6 & 0.4 & 0 & 0\\0.3 & 0.4 & 0.2 & 0.1\\0.5 & 0.3 & 0.2 & 0\end{bmatrix}$$

由表 8-4 可知：

$\boldsymbol{W}_1=[0.58，0.23，0.19]$，$\boldsymbol{B}_1=\boldsymbol{W}_1\cdot\boldsymbol{R}_1=[0.512，0.381，0.084，0.023]$。同理可计算出风险分担、合同执行度、绩效贡献度的评价结果向量 $\boldsymbol{R}_2$、$\boldsymbol{R}_3$、$\boldsymbol{R}_4$，形成准则层的评价矩阵：

$$\boldsymbol{R}_A=\begin{bmatrix}0.512 & 0.381 & 0.084 & 0.023\\0.298 & 0.248 & 0.312 & 0.142\\0.366 & 0.361 & 0.178 & 0.095\\0.269 & 0.341 & 0.298 & 0.092\end{bmatrix}$$

准则层的评价向量 $\boldsymbol{W}=[0.35, 0.35, 0.14, 0.16]$，则 $\boldsymbol{D}_{A}=\boldsymbol{W}\cdot\boldsymbol{R}_{A}=[0.378, 0.325, 0.211, 0.086]$

由于 $\sum b_i=1$，所以不用进行归一化处理，$\boldsymbol{P}_{A}=\boldsymbol{D}_{A}\boldsymbol{V}^{T}=0.499$。

按照同样的步骤对 B 公司进行因素评价，得到 B 的评价矩阵：

$$\boldsymbol{R}_{B}=\begin{bmatrix}0.521 & 0.281 & 0.137 & 0.061\\0.304 & 0.496 & 0.148 & 0.052\\0.390 & 0.376 & 0.073 & 0.161\\0.483 & 0.230 & 0.189 & 0.098\end{bmatrix}$$

经计算，得 $\boldsymbol{D}_{B}=\boldsymbol{W}\cdot\boldsymbol{R}_{B}=[0.391, 0.361, 0.154, 0.094]$，$P_{B}=\boldsymbol{D}_{B}\boldsymbol{V}^{T}=0.5250$，经过归一化处理得 A 政府、B 公司的收益修正系数为 $P'_{A}=0.487$、$P'_{B}=0.513$。

考虑了收益修正系数之后，$\Delta P_{A}=P'_{A}-1/2=0.487-0.5=-0.013$，$\Delta P_{B}=P'_{A}-1/2=0.513-0.5=0.013$，修正后的利益分配值为：

$$\begin{aligned}\varphi'_{A}(\bar{v})&=[56, 65]+(-0.013)[120, 135]=[56-1.56, 65-1.755]\\&=[54.44, 63.245]\\\varphi'_{B}(\bar{v})&=[64, 70]+(0.013)[120, 135]=[64+1.56, 70+1.755]\\&=[65.56, 71.755]\end{aligned}$$

8.3.3 结果分析

由计算结果可知，在综合考虑资源投入、风险分担、合同执行度、绩效贡献度四个因素的前提下，A 政府收益分配值有所降低，B 公司收益分配值有所增加。分析发现，合同执行度和绩效贡献度对分配结果有一定影响，但调整后分配比例仍能保持原有平衡。资源投入和风险分担对分配结果影响显著。对资源投入而言，养老 PPP 项目对社会资本的专业性、技术性要求较高，社会资本不仅需在建设期投入资金，在运营期也需投入经营理念和管理经验等隐性成本。对风险分担而言，政府主要承担政策、法律、经济等具有不确定性的外部风险，项目建设运营期内的大量内部风险将转移给社会资本承担。由于各影响因素与收益分配均为正相关，社会资本应当获得更高的利益分配比例，这与算例结果相符。因素修正后的分配方法仍然符合项目成功合作的条件，且求得的分配区间更加符合实际情况，体现养老 PPP 项目的公平性。

9 养老 PPP 项目发展建议

9.1 养老机构建设政策建议

（1）建立科学的质量评估体系，推动养老机构规范化管理。一套科学合理而可操作性强的监管体系，既可以使养老机构在提供养老服务过程中提供相关参考标准，也可以为养老机构在交收验证过程中，提供统一的估计标准和运行标准，逐步规范养老机构的发展，淘汰不符合要求的养老机构。质量评估体系应包括对老年人提供服务的质量评估，也应包括 PPP 合同中规定的责任方完成情况的评估。此外，在质量评估体系中还应包括不同身体状况和不同层次情况老年人的不同需求进行分类，并结合社区养老，提升相应的服务质量，打造养老产业的 PPP 模式的品牌化和产业化发展道路。

（2）根据养老服务项目特点，搭建利益共享和风险分配机制。为了达到社会效益和经济效益的平衡与可持续发展，PPP 模式应用于养老服务业涉及诸多利益主体。政府希望减轻自身的财政压力，利用社会资本进行基础设施和养老服务业的发展，而社会资本则更加关注政策风险与收益保障。所以如何平衡双方的利益，利用自身优势更好的分担风险成为 PPP 模式应用于养老服务业能够成功运营的关键所在。尤其是在最初的探索阶段，合理而又规范的谈判合作程序，对于加强项目的风险管理，建立合理的利益共享和风险分配机制，有着极大助力作用。

（3）选择适当社会资本方，参与养老服务项目。PPP 模式是政府与社会资本合作参与政府类项目建设的统称，涉及特许经营、政府购买、股权合作等各种方式。根据新建、扩建、建成的项目及政府资金投入状况不同，选择不同的与社会资本的合作模式，进行养老项目的建设和运营，如 BOT、TOT、BOO 等不同方式的操作。不同的建设运营方式，也都有不同的特点，可以根据不同养老项目的特点，进行个性化的 PPP 实施方案设计，择优选择社会资本方进行合作，以满足不同类型的老年服务需求，更好地推进我国养老事业的长期、健康发展。

（4）鼓励民间资本参与居家和社区养老服务。鼓励民间资本在城镇社区举办或运营老年人日间照料中心、老年人活动中心等养老服务设施，为有需求的老年人，特别是高龄、空巢、独居、生活困难的老年人，提供集中就餐、托养、助浴、健康、休闲和上门照护等服务，并协助做好老年人信息登记、身体状况评估等工作。符合民办非企业单位登记条件的居家和社区养老服务机构，可以依法登记为民办非企业单位，其他机构依法登记为企业。

通过政府购买服务、协调指导、评估认证等方式，鼓励民间资本举办家政服务企业、居家养老服务专业机构或企业，上门为居家老年人提供助餐、助浴、助洁、助急、助医等定制服务。积极引导有条件的居家养老服务企业实行规模化、网络化、品牌化经营，增加和扩大网点，提高养老服务的可及性。支持社区居家养老服务网点引入社会组织和家政、教育、物业服务等企业，兴办或运营形式多样的养老服务项目。鼓励专业居家养老机构对社区养老服务组织进行业务指导和人员培训。

推进养老服务信息化建设，逐步实现对老年人信息的动态管理。支持民间资本运用互联网、物联网、云计算等技术手段，对接老年人服务需求和各类社会主体服务供给，发展面向养老机构的远程医疗服务，发展老年电子商务，为老年人提供紧急呼叫、家政预约、健康咨询、物品代购、服务缴费等服务项目。有条件的地方，可为居家老年人免费配置一键通等电子呼叫设备。

（5）鼓励民间资本参与机构养老服务。支持采取股份制、股份合作制、PPP（政府和民间资本合作）等模式建设或发展养老机构。鼓励社会力量举办规模化、连锁化的养老机构，鼓励养老机构跨区联合、资源共享，发展异地互动养老，推动形成一批具有较强竞争力的养老机构。支持机关、企事业单位将所属的度假村、培训中心、招待所、疗养院等转型为养老机构，支持民间资本对企业厂房、商业设施及其他可利用的社会资源进行整合和改造，用于养老服务。

在明晰产权的基础上，鼓励将政府投资举办的养老机构特别是新建机构，通过公开招投标，以承包、联营、合资、合作等方式，交由社会力量来运营，实现运行机制市场化。有条件的地方，可稳妥开展把专门面向社会提供经营性服务的公办养老机构转制成为企业或社会组织的试点工作，完善法人治理结构。鼓励通过政府购买服务的方式，支持民办养老机构接收城乡特困人员或政府承担照料责任的其他老年人。

（6）支持民间资本参与养老产业发展。鼓励和引导民间资本拓展适合老年人特点的文化娱乐、教育、体育健身、休闲旅游、健康服务、精神慰藉、法律维权等服务，加强对残障老年人专业化服务。支持企业开发安全有效的康复辅具、食品药品、服装服饰等老年用品用具和服务产品，引导商场、超市、批发市场设立老年用品专区专柜，鼓励有条件的地区建立老年用品一条街或专业交易市场。鼓励已有电商平台完善服务功能，增加适应老年人消费需求及特点的商品和服务。

鼓励民间资本参与老年公寓和居住区养老服务设施建设以及既有住宅适老化改造。对按照《城市居住区规划设计规范》《老年人居住建筑设计标准》等建设标准规划建设的适老住区和老年公寓项目，其配套的符合独立登记条件的养老机构按规定享受相应的扶持政策。

扶持发展龙头企业，特别要发展居家养老服务企业，培育一批带动力强的龙头企业和知名度高的养老服务业品牌，形成一批产业链长、覆盖领域广、经济社会效益显著的产业集群。引导和规范商业银行、保险公司、证券公司等金融机构开发适合老年人的理财、信贷、保险等产品。

（7）推进医养融合发展。支持有条件的养老机构内设医疗机构或与医疗卫生机构签订协议，为老年人提供优质便捷的医疗卫生服务。各级卫生计生行政部门要对养老机构设立医务室、护理站等医疗机构给予大力支持，积极提供便利；按规定进行设置审批和执业登记。

养老机构内设医疗机构符合职工基本医疗保险、城镇居民基本医疗保险和新型农村合作医疗定点医疗机构条件的，要按规定申请纳入定点范围。在定点医疗机构发生的符合规定的医疗康复项目费用，可按规定纳入基本医疗保险支付范围。

扶持和发展护理型养老机构建设。对民间资本投资举办的护理型养老机构，在财政补贴等政策上要予以倾斜。

要将养老机构内设医疗机构及其医护人员纳入卫生计生行政部门统一指导，在资格认定、职称评定、技术准入和推荐评优等方面，与其他医疗机构同等对待。

加强对养老机构中医师、执业护士、管理人员等的培训，强化医养融合发展的人才保障。鼓励医师和执业护士到养老机构、医疗机构中提供服务。促进医疗卫生资源进入社区和居民家庭，加强居家和社区养老服务设施与基层医疗卫生机构的合作。

（8）完善投融资政策。加大对养老服务业发展的财政资金投入，有条件的地区，可设立专项扶持资金。充分利用支持服务业发展的各类财政资金，探索采取建立产业基金、PPP 等模式，支持发展面向大众的社会化养老服务产业，带动社会资本加大投入。通过中央基建投资等现有资金渠道，对社会急需、项目发展前景好的养老项目予以适当扶持。

民政部本级彩票公益金和地方各级政府用于社会福利事业的彩票公益金，要将 50%以上的资金用于支持发展养老服务业，并随老年人口的增加逐步提高投入比例。其中，支持民办养老服务发展的资金不得低于 30%。

民办非营利性养老机构应当为捐资举办，机构享有对其资产的法人财产权，捐资人（举办者）不拥有对所捐赠财产的所有权。对于举办者没有捐赠而以租赁形式给予组织使用的固定资产以及以借款方式投入组织运营的流动资金，允许其收取不高于市场公允水平的租金和利息。行业管理部门和登记管理机关应当对其关联交易进行披露并进行必要监管。

民办非营利性养老机构停办后，应当依法进行清算，其剩余资产由民政部门负责统筹，以捐赠形式纳入当地政府养老发展专项基金。原始捐资有增值的，经养老机构决策机构同意并经审计符合规定的，可对捐资人（举办者）给予一次性奖励。

鼓励通过财政贴息、补助投资、风险补偿等方式，支持金融机构加快金融产品和服务方式创新，推进实施健康与养老服务工程。研究以养老服务产业为基础资产的证券化产品，稳步推进金融机构直接或间接投资养老服务业。

拓宽信贷抵押担保物范围，允许民办养老机构利用有偿取得的土地使用权、产权明晰的房产等固定资产办理抵押贷款，不动产登记机构要给予办理抵押登记手续。

（9）落实税费优惠政策。对民办养老机构提供的育养服务免征营业税。养老机构在资产重组过程中涉及的不动产、土地使用权转让，不征收增值税和营业税。

进一步落实国家扶持小微企业相关税收优惠政策，对符合条件的小型微利养老服务企业，按照相关规定给予增值税、营业税、所得税优惠。

对家政服务企业由员工制家政服务员提供的老人护理等家政服务，在政策有效期内按规定免征营业税。

对符合条件的民办福利性、非营利性养老机构取得的收入，按规定免征企业所得税。

对民办福利性、非营利性养老机构自用的房产、土地免征房产税、城镇土地使用税。对经批准设立的民办养老院内专门为老年人提供生活照顾的场所免征耕地占用税。

对企事业单位、社会团体以及个人通过公益性社会团体或者县级以上人民政府及其部门，用于《中华人民共和国公益事业捐赠法》规定的公益事业的捐赠，符合相关规定的不超过年度利润总额12%的部分，准予扣除。对个人通过非营利性的社会团体和政府部门向福利性、非营利性的民办养老机构的捐赠，在缴纳个人所得税前准予全额扣除。

对民办非营利性养老机构建设免征有关行政事业性收费，对营利性养老机构建设减半征收有关行政事业性收费。

（10）加强人才保障。支持职业院校设立养老服务相关专业点，扩大人才培养规模；培养老年学、人口与家庭、人口管理、老年医学、中医骨伤、康复、护理、营养、心理和社会工作等方面的专门人才。拓展人才培养渠道，打通技术技能人才的培养发展通道，推进医学专业外其他适宜专业的3+2、五年一贯制等中高职一体化人才培养。充分发挥开放大学作用，开展继续教育和远程教育，进一步提升养老服务从业人员整体素质。

依托职业院校和养老机构等，加强养老护理人员培训，对符合条件参加养老照护职业培训和职业技能鉴定的从业人员，按规定给予补贴。

允许符合条件的医师到民办养老机构的医疗机构开展多点执业，鼓励民办养老机构引入社会工作人才。对在民办养老机构就业的专业技术人员执行与公办机构相同的执业资格、注册考核政策。

做好养老护理员工资指导价位发布工作，指导民办养老机构和组织合理确定养老护理员的劳动报酬。养老机构和组织应当依法足额缴纳社会保险费，对吸纳就业困难人员就业的养老机构，按规定给予社会保险补贴。就业困难人员以灵活就业方式从事居家养老服务的，可按规定享受灵活就业社会保险补贴。积极改善养老护理员工作条件，加强劳动保护和职业防护。

（11）促进民间资本规范有序参与。建立完善政府领导，民政部门牵头，相关部门参与的工作机制，充分发挥已经建立的各类养老服务议事协调机构的作用；加强政策协调，定期分析问题，共同研究鼓励民间资本参与养老服务业发展的推进举措。

民政部门要切实履行监督管理、行业规范、业务指导职责，及时编制养老服务业发展规划。发展改革部门要将养老服务业纳入经济社会发展规划，支持养老服务体系建设。住房和城乡建设部门要制订养老服务设施建设标准，组织编制养老服务设施专项规划，指导养老服务设施有序建设。其他有关部门要各司其职，按照职责分工，做好鼓励民间资本参与养老服务业发展工作。

贯彻落实养老服务业相关政策法规，建立公开、透明、规范的养老服务业准入、退出、监管制度，营造平等参与、公平竞争的市场环境。凡是法律法规没有明令禁入的养老服务领域，都要向民间资本开放。

加快制订和完善养老服务相关标准，建立健全养老服务标准体系，不断提升养老服务的规范化和标准化水平。加强对民间资本进入养老服务业的跟踪监测和服务。

培育和发展养老服务行业协会，发挥其在行业自律、监督评估和沟通协调等方面的作用，推动形成政府、社会组织、养老服务实体三者相结合的管理机制。

（12）保障用地需求。民间资本投资养老服务设施所需建设用地，适用国家规定的养老服务设施用地供应和开发利用政策，国土资源管理部门应按照《国土资源部办公厅关于印发〈养老服务设施用地指导意见〉的通知》（国土资厅发〔2014〕11号）相关规定，积极做好用地服务工作。

9.2 养老 PPP 项目的产权设计对策

PPP 项目产权结构中的权利配置是指项目实施中，所有权、管理权、使用权、收益权等的归属关系。养老服务PPP项目实施的方式不同，决定了项目所有权的归属不同。

第一，公建民营、公办民营等PPP合作项目。该类合作项目中，养老服务设施的投资人、设立人均为国家或集体，因此国家或集体应享有设施的所有权；社会资本则承担着运营、维护、管理等义务，享有经营权和管理权。承包、租赁等方式的合作项目，项目运营过程中的收益均归属于运营方。而托管方式下的合作项目，项目运营的收益均属委托方所有。合同期限届满后，运营方需将项目的管理权转移给项目所有权方。

第二，合资建设类的PPP项目。在政府与社会资本合资建设养老服务项目的PPP合作中，各方根据其出资额设立特殊目的的公司，负责建设、运营该养老服务设施，这种属于典型的BOT项目。为保证项目实施的公益性，BOT项目的设施所有权仍然归属于国家，只是将设施的运营管理权交给项目公司，或者由项目公司委托给其他专业性的运营商。在特许经营期限内，项目公司享有设施的收益权。在特许经营期限届满后，项目公司仍需将设施的管理权转移给公共部门。

第三，民办公助类PPP项目。在民办公助类养老服务PPP项目中，由于项目建设的资金主要由社会资本投资，因此项目的所有权应归属于建设该项目的民办机构。当然，在我国目前养老服务市场中，民办养老机构分为营利性和非营利性两种。营利性的养老机构财产归属根据其登记为个人独资企业、合伙企业或是公司制企业。而对于非营利性养老机构，因为该机构本身的非营利属性，按照我国《民办非企业单位登记管理暂行条例》的规定，其养老服务设施的财产属于社会公共财产，不能用于分红。

第四，收益模式。收益是所有PPP项目的原生动力，当然，社会资本主要侧重于经济收益，而政府则关注社会收益多一些。养老服务领域的公私合作项目应根据项目实施的具体情况，选择合理的收益模式。一般而言，养老服务对象主要分为政府福利保障的老年人和社会家庭托养的老年人两种。前者主要采取政府付费方式，而后者则主要采取私人付费的方式。但是，由于我国老年人消费观念、消费能力所限，单纯依靠使用者付费，难以给予社会资本足够的回报。因此，在养老服务领域，常常需要采取混合式的收益模式。具体而言，养老服务PPP项目的收益模式主要分为政府付费模式、使用者付费模式和缺口补助模式三种。

PPP项目的实施，必须充分考虑社会资本的投资回报，这是养老服务PPP项目能够持续实施的关键。如果没有一定空间的经济效益驱动，社会资本就不会有积极性去投资于养老服务项目，养老服务的公私合作就会大打折扣。而从实际情况看，养老服务项目大多投资成本较大，投资回报率较低，回报周期较长，难以吸引社会资本的广泛参与。一方面要让市场发挥基础性作用，合理配置资源，推动资本的自我驱动；另一方面，政府要让利于社会资本，逐步改变原有的政府在配置资源方面的主导作用，在土地出让、减免税费等方面提供优惠条件，为降低投资成本、吸引社会投资创造条件。同时，鼓励地方各级财政部门建立并完善财政补贴的支持方式，财政补贴要逐渐从补供方向补需方、补建设向补运营转变，保证社会资本参与的可持续性。

9.3 养老PPP项目监管建议

我国养老服务业的发展目前尚处于起步阶段，而PPP在我国也同样是新型的公共服务供给模式。二者的结合应用，需要构建起相对完备的组织机制和制度体系，为养老服务业PPP项目的良性发展奠定基础。

9.3.1 明确养老服务业公私合作的管理体制

从国际经验看，多数国家均建立了中央一级的专门机构来负责PPP项目的管理，比如英国的财政部基础设施局、美国的公私合作国家委员会、澳大利亚的国家公私合作工作组等。虽然各国在PPP管理部门的设置和职能权限上存在着一定的差异，但是相对统一的PPP管理机制有助于推进PPP的制度建设，保证重大PPP项目符合政府、公共利益。

目前我国PPP发展逐步趋于成熟，但尚未建立专门的PPP管理部门。无论是从资源整合还是从规范指引、监督指导角度考虑，建立专门统一的PPP管理部门都是必然的趋势。PPP管理部门的组织设置既要考虑到业务的相关性，更要考虑到便于各部门的协调组织。一般而言，一个国家的PPP管理部门主要承担以下工作职能：推进或制定PPP相关法规及政策；大型PPP项目的评估审核；对PPP项目的公私双方提供政策指导、项目指引等；政府及相关PPP项目的咨询服务；保证公私双方在PPP项目中均取得合理的收益；PPP项目的研究、统计平台等。

9.3.2 完善养老服务公私合作的制度体系

PPP项目的实施与推进往往涉及多方的利害关系人。而PPP项目运行周期较长，也就对一个国家法律体系的稳定性、透明性提出了更高的要求。一个国家PPP法律制度体系的建设水平，极大地影响着PPP的发展程度，影响着各方的参与热情。一个国家PPP法律制度的体系建设很大程度上取决于该国整体的法律体系以及现行的法律框架。俄罗斯等部分大陆法系国家，制定了专门的PPP法，而多数普通法国家则较少针对PPP单独立法。例如，PPP制度的肇始国英国，就没有专门的PPP法案，PPP的管理职能由财政部通过激励、引导等方式来实施。

我国养老服务业公私合作机制的法律制度应遵循以下基本原则：

第一，优先保障公共安全和公共利益。在项目实施过程中，作为公共利益代表的政府应当保有合理的监督权和介入权，加强对社会资本的监督管理。目前，我国公办民营、公建民营的养老服务公私合作机制中，政府主要通过合同管理、价格管理、收住对象托底管理等方式加强对民营机构的监管。通过一系列制度规范，政府旨在强化公私合作养老机构的公益性质，保证其始终以公益为发展目标。

第二，平等合作。在公私合作的过程中，双方应当在平等合作的基础和理念上建立合作关系，通过合同确定公私各方的权利义务，在充分协商、平等互利的基础上订立合同，并按照合同的约定推进项目的实施。这就需要确立双方在合同磋商、签订、履约等各个环节中的平等地位，以《民法通则》《合同法》《物权法》等民事法律制度约束双方的行为。养老服务公私合作项目既要提高公共服务效能，又能保证社会资本的合理回报，这才是项目持续发展的原动力。

9.3.3 建设养老服务PPP项目评价体系

在评价一个项目是否适合采用PPP模式开展方面，英国探索出“物有所值”的项目评价方法。所谓物有所值（Value for Money，VFM），即评价一个项目是否应采用PPP模式，应着重看该项目在资金价值评价上的指标。2004年，英国政府颁布了《资金价值评估指南》，指出VFM是项目生命期内费用与目标实现程度的最优组合，而非仅考虑选择费用最低的方案。我国也明确将“物有所值”标准作为PPP项目评估的基本理念和方法。

养老服务项目在进行PPP适用性的定性分析时，应主要考虑以下几方面问题：

第一，项目本身的适用性问题，较为适合以PPP方式进行的养老服务项目应当具有较长的开发周期，具有较为充分的市场服务需求，规模过小或过于复杂的项目不适合采用PPP方式进行操作。同时，由于养老服务行业本身属于“朝阳”产业，因此在行业的发展前景预测方面不存在太多的障碍。

第二，社会资本参与方的能力，即社会资本参与方是否具有较好的项目管理能力以及养老服务供给能力，是否具有承担项目融资、管理、经营等方面风险的能力。在养老服务PPP项目评估中，风险能够合理地转嫁给私人部门是评估的重要因素。如果社会资本参与方难以承担相应的风险，则该项目采用PPP模式的意义不大。

第三，保障性的制度体系，即是否具有相对稳定的政策与制度环境，是否具有竞争性的招投标市场，以及是否能够建立起基于公共服务供给绩效的支付体系。这些也是养老服务 PPP 项目实施之前，需要建立的基本保障。

第四，利益相关者的支持程度，即养老服务 PPP 项目的开展必须获得利益相关者的支持，其中老年群体的支持度非常关键，这也是项目能够顺利实施的基础。

9.3.4 完善养老服务 PPP 项目的合作机制

PPP 模式应用于养老服务领域，涉及项目建设、运营的各个环节，需要科学合理地设置公私各方参与人的合作方式，实现收益共享、风险分担，发挥各自的优势和资源，更好地提供高质量的养老服务。

由于一般的养老服务项目实施周期较长，参与其中的合作方较多，参与合作方式多样，因此设计科学合理的合作机制是保证项目有效实施的基础。养老服务 PPP 项目合作机制设计中应包含以下几方面关键环节：

第一，项目的产权结构设计，即养老服务 PPP 项目实施过程中，公私各方在项目中资产投入的方式、养老服务设施的产权归属、养老服务设施的经营权以及项目资产的剩余控制权等；

第二，项目的收益与风险分担机制，即养老服务 PPP 项目实施过程中，公私各方所应承担的风险，以及收益的分配机制；

第三，项目的合同管理，即养老服务 PPP 项目合同的磋商、签订、履行等各个环节的管理机制，以及各方权利义务在 PPP 合同中的有效实现；

第四，项目利益相关方的保护机制，即养老服务 PPP 项目实施过程中，各利益相关方如何参与、权益如何实现的机制设计。

9.4 PPP 模式中政府支持方式的创新

由于养老项目的公益性，又是面向老人这一弱势群体收费，完全由投资人投资并通过提供养老服务收回投资，在经济上可能并不可行，仍然需要政府采取某种形式的补贴。例如，以优惠价格提供场地或土地，甚至是土地划拨（如喀左馨丰老年公寓暨南山生态养老中心项目），在运营阶段按照床位给予补贴等。PPP 模式方面适宜采取 BOO（建设—拥有—运营）模式。项目运作前期，政府通过直接参股及建设期补贴的方式提供直接的资金支持，并能提升项目公司整体信用水平，有利于项目融资及风险管理；在项目进入运营期后，政府通过运营补贴及政府服务购买的方式提升项目收益水平；政府购买服务，解决公办养老项目供给能力不足、运营服务水平低下的问题。在项目特许经营期内及至期满，政府通过陆续股权出让的方式退出项目公司，并以其投资收益抵扣政府服务购买价款。

10　国外养老 PPP 模式经验借鉴与案例分析

10.1　全球发展概况

德勤在 2007 年提出了 PPP 的市场成熟度理论，在对各国影响 PPP 发展的 9 个要素进行评估的基础上，将各国的 PPP 发展划分为由低到高的三个阶段：发展中的 PPP 市场、活跃的 PPP 市场以及运行良好的成熟 PPP 市场。在此基础上，他们对不同国家和地区的发展情况进行了评估，认为目前英国和加拿大在 PPP 领域相对领先，处于成熟阶段。需要注意的是，PPP 作为传统交付模式的一种补充，仅在能够更好地实现物有所值的情况下才得以使用，在公共投资中的比例只占一小部分。从表 10-1 可以看出，即便是 PPP 运用较为成熟的英国、澳大利亚等国家，PPP 投资占公共投资的比例也不超过 15%。澳大利亚有约 50%的基础设施由私营部门交付，但只有 10%~15%是通过 PPP 方式提供。因此，接下来将分别介绍英国与加拿大民政公共服务方面的 PPP 发展状况。

表 10-1　各国 PPP 投资占公共投资比例

国家	PPP 投资占公共投资的比例/%	国家	PPP 投资占公共投资的比例/%
澳大利亚	10~15	墨西哥	15
英国	10~13	芬兰	10~15
韩国	5~10	卢森堡	5~10
德国	3~5	南非	3~5
挪威	3~5	西班牙	3~5
加拿大	1~3	意大利	1~3
新西兰	1~3	捷克	0~1

10.2　英国 PPP 模式经验

10.2.1　英国养老医疗 PPP 模式经验

英国是较早采用 PPP 模式开展基础设施建设的国家，于 1992 年首次提出私人融资计划（PFI）。2012 年，英国财政部进一步推出新型私人融资（PF2），两者最大的区别是政府在特殊目的公司（SPV）参股投入部分资本金以吸引长期投资者。政府资本的参与使得 PF2 模式下股本金比例从 10%提高到 20%~25%，化解了在资金紧缺时的融资局限性，又有助于发挥私人资本的专业能动性。同时，在 PF2 合同中，公共部门将承担更多的管理风险，如因法律、场址污染、保险等不可预见的变化引发的费用增加的风险；PF2 的融资结构更有利于获得长期债务融资，特别是从资本市场融资。

（1）英国 PPP 模式的特点如下：

一是较少采用特许经营。多数情况下选择 PFI（2012 年后进一步改进为 PF2）。特许经营的项目，需要使用者付费，而 PFI 项目则是政府付费的。由于英国的教育和医疗是全民免费，所以大多采用 PFI 模式。即便是交通（高速公路、铁路等）绝大多数也是采用 PFI 模式，整个英国目前只有一条使用者付费的交通（公路项目里程 22km，因公路收费，使用者较少，目前政府打算收回国有）。

二是项目覆盖行业范围广。以教育、医疗、交通、废弃物处理为主。2012 年 3 月底，英国的 717 个存量 PFI 项目中甚至包括国内不常见的监狱、警察局、法院等。其中，教育、医疗、交通、废弃物处理等行业数量占比分别为 28.71%、18.97%、5.30%和 5.30%，合计超过 50%；总投资额占比分别为 20.50%、22.06%、12.78%和 7.95%，合计超过 60%。交通类项目投资额往往较大，虽然项目个数占比不到 6%，但是其投资额占比超过 12%。用于民政公共基础设施的项目较少，多参照医疗和教育设施的建设方式，见表 10-2。

表 10-2 英国 PFI 项目行业分布

分类	项目数量/个	项目个数占比/%	项目总投资额/亿英镑	投资额占比/%
教育	213	29.71	112.17	20.50
医疗	136	18.97	120.68	22.06
交通	38	5.30	69.90	12.78
废弃物处理	38	5.30	43.51	7.95
住房	34	4.74	17.25	3.15
道路照明	32	4.46	14.27	2.61
健康	29	4.04	12.33	2.25
办公用房	24	3.35	35.34	6.46
警察局	24	3.35	4.75	0.87
服务中心	24	3.35	3.19	0.58

续表 10-2

分类	项目数量/个	项目个数占比/%	项目总投资额/亿英镑	投资额占比/%
消防	13	1.81	3.95	0.72
教育培训	12	1.67	7.98	1.46
监狱	12	1.67	6.37	1.16
娱乐设施	12	1.67	2.05	0.37
法院	8	1.12	1.95	0.36
图书馆	7	0.98	1.58	0.29
安全教育中心	4	0.56	0.68	0.12
防洪	2	0.28	1.55	0.28
其他	55	7.67	87.64	16.02
总计	717	100.00	547.12	100.00

三是养老模式以社区养老为主。从 20 世纪 90 年代起，英国家庭养老的模式不再流行，而是以社区养老模式为主。英国政府将养老问题纳入社区，采用社区养老模式。这种模式以社区为依托，通过为老人提供居家服务、家庭照顾、托老所等形式保障老人的生活，同时为提高服务质量与降低成本，又引进市场竞争机制，政府与社会资本方合作对老人提供医疗保健服务。这种模式的优点在于能够使老年人生活在自己熟悉的社区，而不会有被抛弃感，深受老人的欢迎。具体模式如图 10-1 所示。

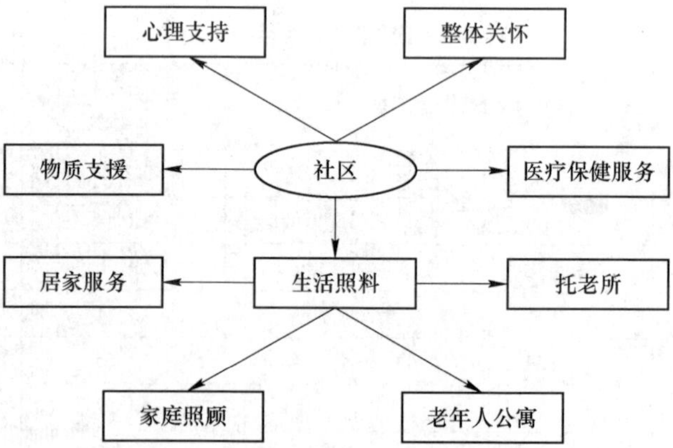

图 10-1 英国社区养老模式图

（2）法律顶层设计：到目前为止，英国对 PPP 没有专门的立法，是通过财政部不断颁发各种规范性文件进行管理。在 PFI 阶段，有三个政策性文件：《应对投资风险》（2003）、《强化长期伙伴关系》（2006）和《基础设施采购：实现长期价值》(2008)。在 PF2 阶段,有一个政策性文件:《PPP 的新方式》(2012)。

(3)组织保障:2010 年前,英国负责 PPP 运行的机构有两个:1)财政部的 PPP 工作组;2)“英国合作伙伴关系”(Partnership UK),独立于财政部,按公司化运营,市场投资人占股 51%,财政部和苏格兰主管部门分别占 44% 和 5%,专项支持 PPP 工作组遴选的 PFI 项目。2011 年,财政部设立基础设施局(IUK,Infrastructure UK)工作组和“英国合作伙伴关系”的职能,统一管理实施 PF2 项目。

(4)PPP 开展情况。根据 IUK 的统计数据,截至 2012 年 3 月 16 日,PFI 存量项目数量为 717 个,其中在运营的项目为 648 个(2011 年 3 月 16 日的数据分别为 698 个和 632 个),总投资额为 547 亿英镑(2011 年 3 月 16 日的总投资额为 529 亿英镑)。从项目运作模式看,717 个存量项目中,有 311 个项目成立了 SPV。2011~2012 年间,私人部门支付的资金为 18 亿英镑;2012~2013 年为 24 亿英镑,2013~2014 年为 13.58 亿英镑。PFI 融资方式已占到英国全部基础设施融资建设的 10%~13%。由于英国 PF2 于 2012 年才推出,而 IUK 最新统计数据为截至 2012 年 3 月,因此统计数据中暂不含 PF2 相关数据。

10.2.2 英国医疗养老领域 PPP 模式案例:福斯谷皇家医院

福斯谷皇家医院的投资 3 亿英镑,有 4000 个房间,建筑面积达 9 万平方米,有 860 个病室、860 张床,以及日常护理空间和 6 间手术室。项目建筑设计、硬设备管理、软设备管理都是在 PPP 项目范围中的。社会资本计算的建筑成本,比预期的要高,因为他们希望建造出一种结构,能够将各部分给分离开来。很多时候进医院,我们看到有坐轮椅的病人,有躺床上的病人,还有走廊上的一些探病的人,同时我们还有一些医疗废弃物被搬过去搬过来,病人在一些小的医院甚至都挪动不了。社会资本方希望能够在投资前对这方面进行改善。

由此案例总结出四点医疗养老 PPP 项目中要关注的问题:

(1)政治安全。政府必须要有长期的支付承诺,投资人只有看到未来三十年中有长期的保障和承诺的时候才会进行投资。

(2)标准化的合同模式。比如一部允许 PPP 的采购法,一些标准化的合同和采购的流程。有了这样一个标准化的流程,招标才会变得更加有信心,也会更加顺利。

(3)物有所值。对于社会资本而言,他们的商业计划中会考虑很多的因素,比如说价格、质量等。这个项目得有一个合适的范围,我们才能够得到物有所值的方案,才能更好地去管控这个项目所牵涉的风险。1)物有所值,英国是围绕经济、效率、效果三个原则推进的。2)生命周期全过程的物有所值评价,包含设计阶段、实施阶段、采购阶段、后期评估阶段，在不同阶段有不同的评价指标，评价指标做得比较详细和周全。3）英国在物有所值上很清晰地阐述了物有所值各相关部门的应尽职责以及相关利益的角色作用。因此通过物有所值学习，希望以后能够通过我们自己的一些大数据，量化物有所值的各项指标，来提高我们今后在做 PPP 项目中物有所值的一些专业、技术知识，搭建分析平台，为当地政府提出更好的指导。

（4）需要有经验的外部顾问提供服务。比如技术、法律、财务方面的服务。以典型的技术顾问为例，首先要确认相关顾问有 PPP 专业经验；其次要求顾问完善商业计划，计算建造成本、硬设备管理成本、软设备管理成本、帮助客户设计采购流程，制定采购文件等。在采购过程中，会做 PQQ 评估和总结，最终会确定一个采购流程和招标文件。在确定了采购流程和招标文件以后，接下来的任务包括设计审核、解决施工问题等。

10.3 加拿大 PPP 模式经验

10.3.1 加拿大 PPP 模式开展情况

加拿大是国际公认的政府与社会资本合作（PPP）模式运用最好的国家之一。近年来 PPP 在加拿大稳步发展，无论从市场活跃度还是发展模式看，都堪称世界一流。尤其是自 2008 年全球金融危机以来，该国的 PPP 市场持续活跃，与世界其他地方的低迷形成了鲜明的对比。加拿大 PPP 委员会发表的白皮书就毫不讳言地指出，加拿大是全球 PPP 最佳实践的主要来源。穆迪也认为加拿大的 PPP 模式最为成熟，就连英国财政部都对加拿大模式表示了浓厚兴趣。

PPP 最初在加拿大的发展主要是以不列颠哥伦比亚、亚伯达、安大略和魁北克为代表的省一级政府在推动，经过多年的摸索和经验积累，形成了独具特色的加拿大模式。由于教育、交通、医疗主要是省一级政府在分管，因此最初的 PPP 也主要是这些领域在采用。

在 2015 年发布的白皮书中，加拿大 PPP 委员会将 PPP 在加拿大的成功归结为四个关键因素：一是稳定的项目储备；二是高效的招标流程；三是多元的融资来源；四是有利的政治环境。

根据 PPP 加拿大发布的统计数据，自 1991~2013 年，加拿大启动 PPP 项目 220 个，项目总价值超过 630 亿美元，涵盖全国 10 个省，涉及交通、医疗、司法、教育、文化、住房、环境和国防等行业。2003~2012 年期间，加拿大共有 121 个 PPP 项目完成了融资方案，各项目在不同的行业分布情况见表 10-3。这 121 个 PPP 项目在建设过程中的资本投入共计 384 亿美元，其中医疗保健行业直接吸引了资本投入 178 亿美元；运营与维护投入共计 128 亿美元，医疗保健行业的运营维护投入 49 亿美元。行业分布状况见表 10-3。

表 10-3 加拿大 PPP 项目行业分布

行业	项目数量/个	占比/%	行业	项目数量/个	占比/%
教育	7	5.79	住房	2	1.65
环境	5	4.13	国防	1	0.83
司法	14	11.57	政府服务	2	1.65
交通	24	19.83	文化	7	5.79
医疗保健	59	48.76	合计	121	100

10.3.2 加拿大 PPP 项目经验

（1）良好的法律顶层设计。加拿大各级政府积极制定基础设施规划，不断完善 PPP 项目采购流程。2003 年 5 月加拿大工业部出版的《对应公共部门成本——加拿大最佳实践指引》和《PPP 公共部门物有所值评估指引》是目前 PPP 项目的主要依据。

（2）PPP 项目选择坚持"物有所值"原则。在购买货物、服务和实施工程项目时，不仅要考虑价格因素，而且要综合考虑质量、投标者业绩、供应方案可靠性、对环境和社会的影响等，从而实现风险从政府部门向社会资本的合理转移。

（3）政府组建富有成效的联邦和地方 PPP 中心。联邦 PPP 中心即加拿大 PPP 中心，是加拿大财政部下属的国有企业。省级 PPP 中心在加拿大 PPP 中心的指导下，负责实施。PPP 中心主要职责是协助政府推广和宣传 PPP 模式，参与具体 PPP 项目开发和实施，设有一个由 7 位社会资本代表组成的董事会，下设 4 个部门见表 10-4。该中心主要研究内容包括 PPP 知识研究与推广、推动联邦层面 PPP 项目实施、推动省市等各级政府 PPP 项目实施、对各级政府申请加拿大 PPP 基金和加拿大新建设基金的项目进行 PPP 模式适用性评估等。

表 10-4 加拿大 PPP 中心部分及主要职责

战略与组织开发部	PPP 市场开发
项目开发部	PPP 项目识别、筛查和商业案例分析
投资部	PPP 项目调查和前期实施
融资、风险与管理部	PPP 项目后期实施

（4）政府安排专项资金加强引导。加拿大 PPP 基金由加拿大 PPP 中心负责管理、运营，是推广应用 PPP 模式的专项基金，对推动加拿大 PPP 市场发展发挥了重要作用。与英国为缓解财政约束而引入私人资金不同，加拿大政府似乎一开始就看到了 PPP 对促进经济增长和创造就业的巨大作用，因此政府从一开始就出资参与项目。2007 年，政府设立"PPP 基金"和加拿大 PPP 局，由后者负

责协调基金的使用。通过五轮项目征集，该局将全部 12.5 亿加元的基金投资于 20 个项目，并撬动 60 多亿加元的私人资金，使 PPP 在全国 6 个省区、13 个市得到了推广，这也部分解释了为何金融危机以来该国的 PPP 市场仍然相当活跃。2013 年，联邦政府设立新的“建设加拿大基金”，计划在未来 10 年调动 140 亿加元用于支持各级政府的基础设施建设，以促进经济增长、创造就业和提高生产率。此举进一步提振了地方政府参与 PPP 项目的热情，保证了不断有新的参与者加入 PPP 市场中，也加大了对私人部门的吸引力。

1）基金规模。截至 2013 年，加拿大政府共向 PPP 基金提供了 12 亿加元。自 2014 年起，加拿大政府分 5 年时间再向该基金注资 12.5 亿加元。

2）基金运营。加拿大 PPP 中心利用该基金，与省、市等各级政府部门合作推广应用 PPP 模式。加拿大 PPP 基金重点关注新领域、新行业、新方式（养老服务业），强调最大限度引导社会资本的参与，其中“设计—建造—融资—运营—维护”（DBFOM）模式是优先考虑方式。

3）资金使用。加拿大 PPP 基金的支持方式包括无偿补助、有偿补助、贷款和贷款担保等，最高可支持某一 PPP 项目 50%的开发费用和 25%的成本费用。

4）实施成效。加拿大 PPP 基金首期的 12 亿加元，已承诺支持 21 个项目。通过加拿大 PPP 基金，支持了 16 个领域使用 PPP 模式，撬动社会资本超过 60 亿加元。鉴于十多年来 PPP 模式在加拿大公共基础设施交付方面的优异表现和对经济发展的一系列积极影响，该国联邦政府要求，从 2011 年开始，联邦各部门所有使用期限超过 20 年、投资超过 1 亿加元的基础设施项目和各省投资超过 5000 万加元的基础设施项目，必须进行 PPP 模式适用性评估。加拿大联邦政府还鼓励对其他类型项目和服务进行 PPP 模式适用性评估。

5）融资模式。加拿大比较有特色的是养老基金投资 PPP 的模式。据统计，加拿大养老基金在基础设施的投资占总资产比例平均为 5%，远高于国际的 1%。这些资金雄厚的机构投资者的参与，给 PPP 项目提供了大量的低成本资金，同时他们自身也获得了长期稳定的投资收益。目前国际 PPP 项目对银行渠道的资金来源依赖严重，银行资金占全部资金渠道的 70%~80%，甚至更高。各个国家都在研究探索降低对银行资金的依赖，包括通过债券融资提高资本市场的比重，以及推动股权投资者在股权投资领域发挥更重要的作用。PPP 项目的利润率属于低利润率，因此追求高收益率的产业资金以及高风险高回报的资金均不适合投资于 PPP 项目，而追求长期稳定回报的养老基金、保险资金则与 PPP 的收益回报特点具有高度的匹配性。加拿大养老基金是国内参与基础设施建设的重要力量，在 PPP 模式中也不乏养老基金的身影。养老基金的参与方式包括以股权形式参与 PPP 项目，或持有 PPP 相关债券等。

10.3.3 加拿大地方性政策经验

10.3.3.1 不列颠哥伦比亚省公共健康部门PPP政策规定

不列颠哥伦比亚省（简称BC省）的医养服务部门PPP项目主要用《健康部门合作协议法案》对公共健康部门政府和社会资本合作模式的建立进行规范，主要涉及的内容包括：法案适用的公共健康部门公私合作的具体范围，公私合作协议签订的具体要求等。法案适用情况包括：一是公私两部门合作人协议由私人部门向健康护理机构提供资本用于建设、更新发展健康护理机构部分或全部建筑物，提供仪器设备以支持健康护理服务的供给；二是其他由监管机构指定的医疗健康商品或服务。

10.3.3.2 卡尔加里市政策经验

卡尔加里市《政府和社会资本合作模式市政委员会政策框架（Public-Private Partnerships Council Policy Framework）》于2008年12月出台，该《框架》明确提出卡尔加里市PPP政策的根本目标是为PPP项目的采用及评估程度设定标准，该标准将会被运用于PPP项目全过程。卡尔加里市的PPP政策比较详细、具体、全面，主要从公私合作项目基本情况、项目确定及评价、由私人部门主动提出的项目的管理、项目治理结构等方面对市级PPP项目管理进行规范。

（1）指导原则。公共利益是至高的；必须保留一定程度的公众控制；责任必须得到保持；由资本计划确定的项目应有优先权；项目应同时获得资本计划及相关经济单位项目运营预算的认可；PPP项目获得程度应具有竞争性、平等性、透明性、责任性及时效性；所选取的PPP具体模式应保证能够在项目生命周期内在适当的风险转移下保障最佳资金价值、较好的创新。

（2）PPP项目的确定及评估。项目的确定及评估应清晰梳理项目目标，目标应重点关注项目预期产出。PPP项目确定及评估主要有以下几个方面：

一是PPP可能机会的确认，可以考虑采用PPP的情况仅包括：上级政府下拨资金严重不足，或项目价值超过1亿加元。

二是PPP模式选择及评估，主要有三步：筛选评估，即根据潜在PPP供给标准对项目进行比较评估，研究项目是否具备PPP项目的条件及可行性；策略评估，即从战略层面对项目风险、成本、市场供给、项目目标、约束条件等进行评估，确定项目是否适合采用PPP，若适合则应推荐可行PPP模式，或不适合则应推荐适当的传统供给渠道；资金价值评估，即对策略评估的进一步深入评估，主要包括对项目风险的量化估计、PPP供给与传统供给渠道两种方式的成本比较。

（3）由私人部门主动提出的项目的管理。在正式确认并接受PPP项目供给前，卡尔加里市对私人部门主动提出的项目提议的管理有两步：

一是提议评估，主要包括对项目是否是市政优先项目、项目采用 PPP 供给的必要性评估、对项目风险分配的策略评估、资金价值评估、项目提议者在资金及技术等方式的资格审查。

二是接受提议，若提议值得接受，市政管理机构应公开征集其他有意愿参与 PPP 项目供给的私人部门实体。若有其他有意愿的实体，则应开始竞争；或没有其他有意愿的实体，则 PPP 市政管理机构应对项目进行资金价值分析、时间成本资本预算，并开始进一步的项目谈判等。

10.3.4 加拿大养老医疗项目案例：多伦多市 Bridgeport Hospital 医院项目

10.3.4.1 项目概况

多伦多的 Bridgeport 健康中心（Bridgeport Active Healthcare Centre）始建于 19 世纪，设施非常陈旧，医院急需为复杂慢性病患者（如膝盖术后恢复者及老人）设计更大、更现代化的保健康复设施。安大略省政府在多种融资和采购模式（Alternative Financing and Procurement）框架下，与私营部门建立伙伴关系，重新建造了世界领先的研究、教学和临床设施。项目位于安大略省多伦多市，采用设计—建造—融资—维护（DBFM）模式，于 2009 年 8 月开始建造，2013 年 3 月完成。产权方为 Bridge point Health，目前设施由私营合作方 Plenary Health 公司进行维护，项目成本为 7.284 亿加元。

10.3.4.2 项目影响

（1）10 层面积为 68 万平方英尺（6.3 万平方米）的新医院拥有 472 个床位，成为接收多伦多医院转诊病人最多的康复医院，复杂的中风病人比以前可以提前 12 天出院。

（2）空间扩大，如治疗室扩大一倍，每层都有最新的治疗室；病人的活动室数量增加一倍；获得了更多特殊轮椅可以使用的空间等。

（3）新的医院获得能源与环境设计领导者（Leadership in Energy and Environmental Design，LEED）认证。相比其他医院，用水量减少 20%，通过最大限度使用自然光而使能源消耗减少 29%。绿色屋顶流下的雨水用于灌溉草地，拼车者优先得到停车位，75%的建筑垃圾得以回收利用。

（4）物有所值评估报告显示，与传统采购方式相比，PPP 模式使该项目成本节约了 9500 万美元，占总成本的 10.4%。

10.3.4.3 创新之处

（1）私营部门负责维护该医院能够提升公共产品提供的质量，根据签订的合同，确保患者、职工和来访者的体验达到最高满意度。

（2）私营部门的经验和技术能够帮助政府更有效地完成公共产品的供应以及满足其他方面的需求。该项目的一个突出特点是对 Don Jail——一个多伦多市中心的建筑地标和保护遗址进行了修复、改造，使其成为该医院的行政和服务中心，同时保留了原有建筑的美感。

10.4 对中国的启示及借鉴

（1）政府和社会资本合作模式有利于实现经济效益和社会效益的统一。医院、污水处理等公共基础设施都属于公共产品，通过引入社会资本，既可以实现物有所值（即与传统采购方式相比，降低公共产品的提供成本），又可以在环境保护、增加就业、促进教育等方面做出积极的贡献。因此，这些成功的案例对于推动我国发展 PPP 将具有重要的借鉴意义。

（2）通过清晰的合同明确公私部门的责任和风险对于 PPP 项目的成功实施非常重要。取决于 PPP 模式的不同，公共部门将风险转移给私营部门的程度也不同。新奥尔良市的污水处理项目是采用建造—融资—运营—维护模式，而多伦多市的医院项目是采用设计—建造—融资—维护模式，由于运营涉及对设施内的人、财、物等进行一定的配置，以能达到绩效要求，这意味着私营部门要承担更多的责任，必须在合同中对此做出明确的规定。合同是双方履约的最重要的依据。在 PPP 模式的推进过程中，我国要大力强化政府和私营企业的履约意识，做到重合同、守信用。但鉴于项目实施周期中的不可预期性，PPP 模式执行中还要有柔性的一面，公私合作双方可以根据具体变化的情况对合同进行适当的调整。

（3）公私部门要遵循长期合作的原则。PPP 项目的实施周期一般能达到二三十年，甚至更长。公私双方应本着互利、双赢的宗旨进行合作，才有可能将这种交易关系长期、健康地保持下去。PPP 企业必须克服追求自身利益最大化的本能冲动，把合理回报作为企业始终坚守的经营理念和价值追求。公共部门在选择私营合作伙伴时，除了考察其是否具备丰富的专业知识和技能之外，或许也可以将其是否具有社会责任感作为一个考虑因素。例如，新奥尔良市水处理项目中的私营合作伙伴威立雅水务公司已经和政府成功合作了 24 年，这个公司慷慨捐助飓风受害者和当地教育，是一个有社会责任感的企业典范。

10.5 国外 PPP 模式实践中暴露的问题

一是社会资本融资成本显著高于政府举债成本，这一点成为反对者抨击 PPP 的主要理由。在有些项目中，社会资本盈利不菲。曼彻斯特大学的 Jean Shaoul 对英国最早采用 PFI 的 12 家医院项目做了研究，发现平均股权收益率竟然高达 58%，显著高于英国的国债收益率。

二是前期招投标耗时长、手续费高。由于PPP模式比传统的模式复杂，政府和社会资本双方都需要进行深入的研究或咨询，由此产生较高的交易成本，而且学习曲线陡峭，需要积累相当多的经验才能降低成本，而单个部门实施PPP的机会不多，培训成本很高。比如在一项改造伦敦地铁的项目中，仅是签订合同就花了4亿英镑，而项目的总成本才157亿英镑。

三是可能加重纳税人长期负担。“出表”的会计处理导致透明度不够，使得政府约束软化，甚至可能导致过度负债。根据英国财政部的数据，从2015~2049年，政府需要为现有的PFI项目支付共计2222亿英镑使用费，平均到每个家庭约为12208英镑，而对应的PFI项目资本总额不过566亿英镑。

四是合同周期长，可能导致灵活性不足。经济社会发展日新月异，变化速度相当快。而在PPP模式下，由于政府要受到合同约束，对公共设施的控制能力下降，无法进行灵活调整以适应公共需求的变化，由此导致公共利益受损。

五是双方存在的机会主义倾向导致项目失败风险。政府为吸引社会资本，可能采取先降低标准，完成招标后再修改条款的做法。社会资本为获取项目，可能采取先开出优厚条件，开工后再提出重新谈判的做法。这些做法都不利于PPP的长期健康发展。

六是可能引发私有化质疑。有人认为PPP是渐进私有化的特洛伊木马。虽然许多研究中把PPP与私有化作了区分，但是很多媒体仍然把PPP与私有化混同看待，从而给PPP的推广实施制造了障碍。

以上问题有些与特定国家发展PPP的经验不足有关，另一些问题则是由PPP模式本身所决定的，这是无法克服且必须面对的。应该承认，PPP不是所有的领域都适用，不是所有的问题都能靠它来解决，也不存在适用于一切国家的统一模式，必须根据项目实际情况合理设计项目结构。PPP不仅是一种融资方式，更是一种管理方式，应该从更宏观的角度去理解它对经济发展和社会治理的作用。

11 我国养老 PPP 项目案例

11.1 吉林省白山市怡康医养结合养老综合体——白山第二社会福利院

项目概况：白山怡康医养结合养老综合体——白山第二社会福利院位于白山市浑江区青松路 357 号；东起北新 2 路，西至青松路，南起长白山大街，北至北安大街。本 PPP 项目总投资共计 33977.64 万元，项目占地面积 18851m^2，总建筑面积 67905.71m^2。项目建设内容包括医疗康复楼、综合楼、颐养中心（老年养护楼）、地下建筑及附属设施，设计养老床位 796 张、医院床位 260 张。项目运营方式为 BOO。

合作范围：项目于白山市浑江区青松路建设一家具有区域内领先示范作用的综合型、医护型、高品质医养结合养老综合体。政府方依法授予本项目经营权、收益权；负责确定项目建设内容、规模、目标等内容，负责项目核准、规划调整为符合本项目公共服务需求的相关用地性质、土地修编、落实建设用地指标等工作；社会资本方按照合同约定收回投资成本取得投资回报；对本项目实施过程进行组织、指导、协调。

11.2 甘肃省平凉市华亭县养老服务中心建设项目

项目概况：本项目估算总投资为 14500 万元，其中工程建设总费用 11893.36 万元、设备购置费 2606.64 万元。资金来源为政府投入 3350 万元，社会资本投入 11150 万元。规划建设内容包括两个部分：养老服务中心和中医医院。新建框架结构的业务及办公楼房五幢，其中新建地上五层框架结构未成年人保护中心 1 幢，建筑面积 5854.60m^2；新建地上六层框架结构综合服务楼 1 幢，建筑面积 3834.76m^2；新建地上六层框架结构失能老人养护中心 1 幢，建筑面积 3834.76m^2；新建地上五层框架结构残疾人托养中心 1 幢，建筑面积 5854.60m^2；新建地上八层地下一层框架结构老年人养老服务中心 1 幢，建筑面积 10705.94m^2；基础设施配套建设：配套建设大门 1 座，围墙 616m，绿化 6131m^2，硬化道路 3472.91m^2，硬化院坪 2000m^2。

合作范围：项目公司投资、设计、建设、拥有、运营华亭县养老服务中心。

华亭县养老服务中心建设项目建设内容包括养老服务中心和中医医院门诊住院综合楼两个部分，项目总用地面积约 30034.94m^2（约合 45.05 亩），总建筑面积 38436.77m^2。华亭县养老服务中心提供的服务主要有养老服务、医疗保健服务、社区养老服务及其他与国家养老服务相关社会事业的服务。项目概算总投资为 14500 万元，其中工程建设总费用 11893.36 万元、设备购置费 2606.64 万元。资金来源为政府投入 3350 万元，社会资本投入 11150 万元。其中：依据华亭县发展和改革局对本建设项目可行性研究报告批复意见（华发改项目〔2016〕70 号），养老服务中心工程建设估算总投资为 9393.36 万元，设备购置费为 1606.64 万元，两项合计总投资为 11000 万元，资金来源为政府投入 2000 万元、其余 9000 万元由社会资本投入；中医医院门诊住院综合楼概算总投资 3500 万元（工程建设费用 2500 万元，常规医疗设备购置费 1000 万元），资金来源为政府投入 1350 万元、其余 2150 万元由社会资本投入。

11.3 青海省贵德县养老养生示范基地 PPP 项目

项目概况：项目拟建设于青海省海南藏族自治州贵德县，西久公路西侧、黄河南侧，距离汽车站 1000m、县医院 1000m、贵德黄河大桥 200m，规划总用地面积约合 60473.64m^2（90.71 亩）。

合作范围：项目实施机构县民政局依法选定社会资本，由贵德县国投公司和社会资本共同出资设立项目公司（SPV）。项目实施机构与项目公司正式签订《PPP 项目合同》，并授予项目公司本项目的经营权，合作期为 30 年（包含建设期 2 年）。在合作期内，项目公司负责本项目的投融资、建设、运营、维护和更新改造，同时接受履约管理、行政监管和社会监督。合作期满后项目资产使用权归项目公司所有，社会投资人可持续独立运营养老养生设施至土地使用权上限年限为止。

11.4 山西省吕梁市交城县社会福利养护院 PPP 项目

项目概况：本项目名称为交城县社会福利养护院 PPP 项目，所属行业为民政——养老。本项目建设地点在交城县天宁街西街杨家底组，总规划用地面积为 18681.3m^2，总建筑面积 15005m^2，主要建设内容包括建设养护楼（设置床位 300 张）、附属楼、公厕、门房、围墙、室外硬化绿化等。项目合作期间，项目 SPV 养老机构承担本项目主体及附属设施整体投融资、设计、建设、运营、移交等工作，并保证设施完好，满足正常运转，向社会公众提供高质量的公共服务，服从相关主管部门的监管和考核。项目合作期期满，无偿地将本项目及其相关资产移交给政府或政府指定机构。PPP 调整概算总投资 7513.23 万元。

合作范围：本项目实施机构通过政府采购方式选择社会资本方，政府指定的出资主体与成交社会资本方共同组建项目 SPV 养老机构。组建项目 SPV 养老机构后，政府方与项目 SPV 养老机构签订 PPP 项目合同，实施机构将本项目建设、运营权授予项目 SPV 养老机构。项目合作期间，项目 SPV 养老机构承担本项目主体及附属设施整体投融资、设计、建设、运营、移交等工作，并保证设施完好，满足正常运转，向社会公众提供高质量的公共服务，服从相关主管部门的监管和考核。项目合作期期满，无偿地将本项目及其相关资产移交给政府或政府指定机构。

11.5 河南省许昌市襄城县——河南紫云谷新型养老示范基地（原益寿康新型养老公寓项目）

项目概况：（1）河南紫云谷新型养老示范基地（一期）项目（以下简称“本项目”）位于河南省许昌市襄城县紫云镇道庄村、雷洞村浅山区，总投资约 12.13 亿元，规划建设内容包括各种居家式养老公寓、乡居式养老公寓及养老床位，满足周围数千位老人养老需求。本项目分为样板区和非样板区，样板区部分总投资约 49202.33 万元，建设内容包括养老基地、紫云谷养生旅游项目及配套市政工程；非样板区总投资为 72128.79 万元，建设内容主要为养老公寓、民俗一条街和紫云书院。（2）回报机制：本项目样板区回报机制包括：使用者付费、可行性缺口补助、政府付费。1）样板基地的回报机制为使用者付费；2）样板区紫云谷养生旅游项目的回报机制为可行性缺口补助；3）样板区配套市政工程无经营收入，为政府付费；4）非样板区的回报机制为使用者付费。（3）运营绩效考核：政府建立运营维护水平与可行性缺口补助、政府付费联动机制，引入第三方咨询机构或评价机构对项目的运营维护情况进行定期绩效考核，评价机构可根据各指标评价内容按照权重比例进行考核，考核结果作为政府可行性缺口补助和政府付费的重要依据。（4）采购方式：公开招标。

合作范围：项目规划占地面积 $8\times10^5 m^2$（1200 亩），建设用地面积 $1.3\times10^5 m^2$（643.04 亩），总建筑面积 $300000 m^2$。政府的主要职责：一是对社会资本方进行监督管理；二是配合社会资本方争取外围政策的支持，与社会资本方收益共享、风险共担。社会资本方的主要职责：一是运用自身规划设计、建设、投融资的专业优势，确保养老基地基础设施功能的更好实现；二是凭借自身先进的运营管理经验，通过构建适宜的盈利模式，提高基础设施转化为现金流的能力。

11.6 湖北省武汉市社会福利院综合大楼 B 座项目

项目概况：武汉市社会福利综合大楼 B 座 PPP 项目，采用 ROT（改建—运营—移交）模式，由武汉市社会福利院与中标的社会资本方成立项目公司。项目公司在原有基础上进行装修改造、安装工程改造、智能化系统升级、医疗设备及办公家具购置。本项目社会资本方占有 90%股权，武汉市社会福利院占有 10%股权。运营期内，当资本金内部收益率不大于 5%时，武汉市社会福利院不参与项目分成；当资本金内部收益率大于 5%时，超过部分社会福利院按股权比例分配。项目公司资本金比例为 20%（2463.54 万元），其余 80%融资资金由项目公司自己负责融资。本项目 PPP 项目合作期为 25 年。本项目为“使用者付费”回报机制，项目公司通过收取社会代养老人服务费、医疗费、体检费、居家养老服务费、超市收入、电商平台收入等获得合理回报，并承担 PPP 合同规定的相应义务、权利及风险。本项目为使用者付费项目，政府不承担运营补贴支出责任。本项目采用竞争性磋商采购方式选择社会投资人。基于本项目贷款利率 4.9%，资本金占比为 20%（2463.45 万元），全投资内部收益率 5.12%，医院及福利院入住率 90%。

合作范围：项目公司在原有基础上进行装修改造、安装工程改造、智能化系统升级、医疗设备及办公家具购置，并承担本项目的运营管理。

11.7 江苏省宜兴市丁山养护院

项目概况：本项目拟建设一座城市综合养老院，包括丁山敬老院与丁蜀养老护理服务中心。其中，丁山敬老院主要包括自理区、集体区以及为院区配套的相关市政基础设施，建筑总面积 15021m^2。丁蜀养老护理服务中心拟建设成为一座城市综合养老护理服务中心，主要包括综合楼、自理区、护理区、失智区、临终关怀、连廊、门卫以及为院区配套的相关市政基础设施建筑面积 40211m^2。综上所述，本项目建筑总面积为 55232m^2，用地面积为 49922.3m^2。

合作范围：丁蜀镇人民政府通过法定程序采购社会资本，由中选社会资本按照采购文件规定，根据适用法律直接对丁蜀养老产业公司进行增资扩股，并办理工商注册登记，将其变更为本项目 PPP 项目公司以实施丁山养护院项目。项目公司按照《养老机构设立许可办法》等相关程序，依法办理登记设立民办非营利性养老机构，合作期满后，项目公司将所有项目资产完好、无偿移交给丁蜀镇人民政府或其指定的相关部门。

11.8 云南省红河州开远市凤凰谷养老养生项目

项目概况：开远市凤凰谷养老养生项目建设地点在开远市热带植物园片区，项目总投资44022.36万元，计划占地$2.7\times10^5m^2$（409.82亩）。其中：新建医护功能养老区占地面积$8.5\times10^4m^2$（127.41亩），改造开远热带植物园建设候鸟型养老服务区占地面积$1.9\times10^5m^2$（282.41亩）。项目本着“创造健康、健康养老、自然时尚”的生活品质为己任的经营理念，依托自身的专业优势，立足养老养生主业、面向全国高端人群，走社会化、产业化、专业化的发展道路，全方位、立体性地开发服务体系。通过本项目的规划建设，打造中国养老知名品牌，建立养老行业发展标准，建设全国一流的健康养老乐园。总建筑面积为96768.94m^2，其中：新建医护功能养老区建筑面积90145.74m^2（养老服务公寓51484.86m^2，老年健康管理中心30478.88m^2，老年活动中心8182.00m^2），改建候鸟型养老服务区建筑面积6623.20m^2；提供床位1410床，其中：老年公寓床位310床，养生公寓床位50床，慢性病康复中心床位174床，功能性康复中心床位220床，特护型康复中心床位380床，健康管理中心床位276床。

合作范围：社会资本方与实施机构之间围绕项目收益签署一揽子主要合同，形成以PPP项目协议《特许经营协议》为主合同和项目公司的《公司章程》《股东协议》共同构成的核心合同体系。社会资本方作为项目资本金出资方之一，需将9249.80万元资本金在规定的时间内注入项目公司。

附　录

附录 1　PPP 模式及养老政策梳理

(1) PPP 方面。2014 年以来，PPP 模式在我国政府的大力推进下得到了长足的发展，在政府投融资的各个领域得到了广泛的应用，其中基础设施建设和公共服务领域和 PPP 模式结合得尤其紧密。在政府的支持下，PPP 项目库新增项目数量有了大幅提升，但由于 PPP 模式涉及领域广阔，且项目的建设需要大量的资金投入和多家管理机构进行管理，导致项目在实施中存在众多不规范的现象，PPP 项目的过程也存在实操规范不足、管控难度大等诸多问题。

政府部门为治理 PPP 领域鱼龙混杂的乱象，陆续以通知、意见、指引、决定的形式出台了若干部门规章和规范性文件，全力促进 PPP 模式健康持续发展。根据政府公开数据资源，整理了 PPP 模式自 2014 年至 2021 年的主要政策文件，见附表 1-1，以便进一步厘清 PPP 模式政策发展脉络。

附表 1-1　我国发布关于 PPP 模式的政策性文件

年份	政策	内容
2014	《关于推广运用政府和社会资本合作模式有关问题的通知》（财金〔2014〕76 号）	被称为我国 PPP 模式的总动员
	《关于政府和社会资本合作示范项目实施有关问题的通知》（财金〔2014〕112 号）	标志着 PPP 进入高速发展
	《政府和社会资本合作模式操作指南（试行）的通知》（财金〔2014〕113 号）	以规范项目识别、准备、采购、执行、移交各环节操作流程
	《关于规范政府和社会资本合作合同管理工作的通知》（财金〔2014〕156 号）	制定下发《PPP 项目合同指南（试行）》，加强对 PPP 合同的起草、谈判、履行、变更、解除、转让、终止直至失效的全过程管理
	《关于开展政府和社会资本合作的指导意见》（发改投资〔2014〕2724 号）	PPP 模式主要适用于政府负有提供责任又适宜市场化运作的公共服务、基础设施类项目
	《关于加快推进健康与养老服务工程建设的通知》	鼓励在公立资源丰富的地区，由社会资本通过独资、合资、合作、联营、参股、租赁等途径，采取政府和社会资本合作（PPP）等方式，参与医疗、养老、体育健身设施建设和公立机构改革

续附表1-1

年份	政策	内容
2015	《基础设施和公用事业特许经营管理办法》	规定将“转变政府职能，强化政府与社会资本的协商合作”作为特许经营实施的四项原则之一，并强调“行政区划的调整、政府的换届、部门调整和负责人的变更都不得影响特许经营协议的履行”
	《关于鼓励民间资本参与养老服务业发展的实施意见》（民发〔2015〕33号）	支持采取股份制、股份合作制、PPP（政府和民间资本合作）等模式建设或发展养老机构
	《关于在公共服务领域推广政府和社会资本合作模式指导意见》	推动PPP模式在养老服务领域中的运用
	《关于做好政府向社会力量购买公共文化服务工作的意见》	要求努力营造政府向社会力量购买公共文化服务的良好环境，积极有序推进政府向社会力量购买公共文化服务工作，并下发了《政府向社会力量购买公共文化服务指导性目录》，成为公共文化服务领域推进PPP模式的首个指导性文件
2016	《关于切实做好传统基础设施领域政府和社会资本合作有关工作的通知》	明确要求各地发展改革部门会同有关行业主管部门，切实做好能源、交通运输、水利、环境保护、农业、林业以及重大市政工程等基础设施领域政府和社会资本合作（PPP）推进工作
	财政部《政府和社会资本合作项目财政管理暂行办法》	进一步明确财政部门在PPP项目全生命周期内的工作要求。此办法适用于中华人民共和国境内能源、交通运输、市政公用、农业、林业、水利、环境保护、保障性安居工程、教育、科技、文化、体育、医疗卫生、养老、旅游等公共服务领域开展的各类PPP项目
	国家发改委印发《传统基础设施领域实施政府和社会资本合作项目工作导则》	适用于在能源、交通运输、水利、环境保护、农业、林业以及重大市政工程等传统基础设施领域采用PPP模式的项目，并指出政府和社会资本合作模式主要包括特许经营和政府购买服务两类
	《关于推进传统基础设施领域政府和社会资本合作（PPP）项目资产证券化相关工作的通知》	国家发展改革委、中国证监会将共同努力，力争尽快发行PPP项目证券化产品，并及时总结经验、交流推广。这是国务院有关部门首次正式启动PPP项目资产证券化，对盘活PPP项目存量资产，提高PPP项目资产流动性，更好地吸引社会资本参与PPP项目建设，推动我国PPP模式持续健康发展具有重要意义
	《关于进一步健全特困人员救助供养制度的意见》	鼓励运用政府和社会资本合作（PPP）模式，采取公建民营、民办公助等方式，支持供养服务机构建设

续附表 1-1

年份	政策	内容
2017	《关于印发国务院 2017 年立法工作计划的通知》	明确 2017 年立法工作计划，包括政府投资条例（国家发展改革委起草），私募投资基金管理暂行条例（证监会起草），基础设施和公共服务项目引入社会资本条例（法制办、国家发展改革委、财政部起草）等，这意味着我国首部 PPP 法将以《基础设施和公共服务项目引入社会资本条例》的形式出现
	《关于进一步激发社会领域投资活力的意见》	进一步激发医疗、养老、教育、文化、体育等社会领域投资活力，着力增加产品和服务供给，不断优化质量水平，引导社会资本以政府和社会资本合作（PPP）模式参与医疗机构、养老服务机构、教育机构、文化设施、体育设施建设运营，开展 PPP 项目示范
	《关于运用政府和社会资本合作模式支持养老服务业发展的实施意见》（财金〔2017〕86 号）	提出鼓励运用政府和社会资本合作模式，推进养老服务领域供给侧结构性改革，优化资源配置，提高养老服务供给的效率和能力，推动老龄事业发展
	《关于规范政府和社会资本合作（PPP）综合信息平台项目库管理的通知》（财办金〔2017〕92 号）	要求严格新项目入库标准，“未建立按效付费机制，包括项目建设成本不参与绩效考核，或实际与绩效考核结果挂钩部分占比不足 30%，固化政府支出责任的”不予入库
	《关于政府参与的污水、垃圾处理项目全面实施 PPP 模式的通知》（财建〔2017〕455 号）	提出目标：政府参与的新建污水、垃圾处理项目全面实施 PPP 模式，有序推进存量项目转型为 PPP 模式。尽快在该领域内形成以社会资本为主，统一、规范、高效的 PPP 市场，推动相关环境公共产品和服务供给结构明显优化
2018	《关于进一步加强政府和社会资本合作（PPP）示范项目规范管理的通知》（财金〔2018〕54 号）	坚守合同谈判底线，加强合同内容审查，落实项目风险分配方案，合同中不得约定由政府方或其指定主体回购社会资本投资本金，不得弱化或免除社会资本的投资建设运营责任，不得向社会资本承诺最低投资回报或提供收益差额补足，不得约定将项目运营责任返包给政府方出资代表承担或另行指定社会资本方以外的第三方承担

续附表1-1

年份	政策	内容
2019	《政府投资条例》（国务院第712号令）	明确“对确需支持的经营性项目，主要采取资本金注入方式”。绝大部分PPP项目采用了资本金注入方式，包括了市政、交通、能源、环保、农林、水利、教育、卫生、旅游、养老等经济社会发展的主要领域
	《国务院关于加强固定资产投资项目资本金管理的通知》（国发〔2019〕26号）	将部分固定资产投资项目资本金的比例予以了调整。降低了港口、沿海及内河航运项目的最低资本金比例，由25%调整为20%。对于公路（含政府收费公路）、铁路、城建、物流、生态环保、社会民生等领域的补短板基础设施项目，在具备投资回报机制明确、收益可靠、风险可控的这些前提之下，可适当降低项目不得超过5个百分点最低资本金比例
	《国家发展改革委关于依法依规加强PPP项目投资和建设管理的通知》（发改投资规〔2019〕1098号）	要求除涉密项目外，所有PPP项目必须依法依规纳入全国投资项目在线审批监管平台统一管理，依托在线平台建立全国PPP项目信息监测服务平台，加强PPP项目管理和信息监测及公开。提出“坚决惩戒违规失信行为”，加强对地方政府和社会资本履约的监管，将存在严重失信行为的地方政府、社会资本，通过“信用中国”网站等平台向社会公示，依法依规实施联合惩戒
	《财政部关于推进政府和社会资本合作规范发展的实施意见》（财金〔2019〕10号）	明确项目投资、建设、运营由社会资本负责并承担相应风险，政策、法律等风险则由政府承担
	《最高人民法院关于审理行政协议案件若干问题的规定》（法释〔2019〕17号）	较为明确地规定了PPP合同的法律属性、救济渠道和裁判方式
2020	《政府和社会资本合作（PPP）项目绩效管理操作指引》（财金〔2020〕13号）	项目实施机构应根据项目合同约定定期开展PPP项目绩效监控，项目公司（社会资本）负责日常绩效监控。PPP项目绩效监控是对项目日常运行情况及年度绩效目标实现程度进行的跟踪、监测和管理，通常包括目标实现程度、目标保障措施、目标偏差和纠偏情况等
	《关于加快加强政府和社会资本合作（PPP）项目入库和储备管理工作的通知》（财政企函〔2020〕1号）	财政承受能力空间会向医疗、养老、教育、生态环保和城镇老旧小区改造等基础保障性强、外溢性好、社会资本参与性高的项目等重点项目倾斜，以充分发挥财政资源的引导撬动作用，有效调动政府和市场两种资源。对疫情防控急需的项目，开通绿色通道，可以即报即审、合规即发

(2) 养老方面。党和国家高度重视老龄事业和养老服务体系发展。“十三五”时期，在党和国家重大规划和政策意见引领下，我国老龄事业发展和养老服务体系建设取得一系列新成就：老龄政策法规体系不断完备、多元社会保障不断加强、养老服务体系不断完善、健康支撑体系不断健全、老龄事业和产业加快发展等。

“十四五”时期，政府将积极应对人口老龄化上升为国家战略，紧接“十三五”阶段养老事业发展步伐，建设与人口老龄化进程相适应的老龄事业和养老服务体系。

养老服务一直是我国新时期发展的施策重点领域，随着人口老龄化程度的不断加深，政府对养老产业政策发展的关注度也持续增强。近年来，为了更好解决老年人这个特殊群体的养老问题，从 2014 年至 2021 年政府各部门相继发布相关政策文件（见附表 1–2），为养老产业的进一步发展提供了强有力的政策支持。目前我国对于养老服务业的建设投入和政策扶持水平正处于稳步上升阶段，养老行业的发展潜力正在逐步显现。

附表 1–2　我国发布关于养老行业的政策性文件

年份	政策	主要内容
2014	《关于加快推进健康与养老服务工程建设的通知》	鼓励在公立资源丰富的地区，由社会资本通过独资、合资、合作、联营、参股、租赁等途径，采取政府和社会资本合作（PPP）等方式，参与医疗、养老、体育健身设施建设和公立机构改革
2015	《关于鼓励民间资本参与养老服务业发展的实施意见》（民发〔2015〕33 号）	鼓励民间资本参与居家和社区养老服务，推进养老服务信息化建设，支持采取股份制、股份合作制、PPP（政府和民间资本合作）等模式建设或发展养老机构
	《关于在公共服务领域推广政府和社会资本合作模式指导意见》	推动 PPP 模式在养老服务领域中的运用
	《关于加快推进养老服务工程建设工作的通知》（民函〔2015〕93 号）	推进在建工程，积极引入社会资本，强化后续项目储备
	《关于开发性金融支持社会养老服务体系建设的实施意见》（民发〔2015〕78 号）	进一步加大对社会养老服务体系建设的支持，破解长期以来制约发展的融资难问题
	《关于推进医疗卫生与养老服务相结合指导意见的通知》（国办发〔2015〕84 号）	进一步推进医疗卫生与养老服务相结合

续附表 1-2

年份	政策	主要内容
2016	《关于进一步健全特困人员救助供养制度的意见》	鼓励运用政府和社会资本合作（PPP）模式，采取公建民营、民办公助等方式，支持供养服务机构建设
	《关于促进和规范健康医疗大数据应用发展的指导意见》（国办发〔2016〕47 号）	推动健康医疗大数据融合共享、开放应用
	《关于支持整合改造闲置社会资源发展养老服务的通知》（民发〔2016〕179 号）	充分挖掘闲置社会资源，引导社会力量参与，整合改造成养老服务设施，增加服务供给
	《中华人民共和国国民经济和社会发展第十三个五年规划纲要》	肯定了在医疗和养老领域采用 PPP 模式来增加其服务和产品供给的数量和质量
	《关于全面放开养老服务市场提升养老服务质量的若干意见》（国办发〔2016〕91 号）	全面放开养老服务市场，提升居家社区养老生活品质，优化供给体系，加强监管和保障，积极引导社会资本进入养老服务业，推动公办养老机构改革，充分激发各个市场主体活力
2017	《关于印发〈智慧健康养老产业发展行动计划（2017—2020 年）〉的通知》（工信部联电子函〔2017〕25 号）	建立智慧健康养老应用示范基地、领军企业、产品和服务标准
	《“十三五”国家老龄事业发展和养老体系建设规划》（国发〔2017〕13 号）	健全养老服务体系
	《关于运用政府和社会资本合作模式支持养老服务业发展的实施意见》	鼓励政府将现有公办养老机构交由社会资本方运营管理；鼓励政府和社会资本在城乡社区内建设运营居家养老服务网点、社区综合服务设施，兴办或运营形式多样的养老服务
	《关于制定和实施老年人照顾服务项目的意见》（国办发〔2017〕52 号）	给出制定和实施老年人照顾服务项目的基本原则和重点任务
2018	《关于完善促进消费体制机制进一步激发居民消费潜力的若干意见》	通过推动体育与旅游、健康、养老等融合发展，培育潜在需求大的体育消费新业态，从 9 个方面推进健康养老家政消费
	关于印发《智慧健康养老产业发展行动计划（2018 年版）》的通知（工信部联电子函〔2018〕269 号）	建立智慧健康养老应用示范基地、领军企业、产品和服务标准

续附表 1-2

年份	政策	主要内容
2018	《国务院办公厅关于促进"互联网+医疗健康"发展的意见》	开展第二批智慧健康养老应用试点示范工作，对我国发展智慧养老产业做出了具体的规划
	《关于促进护理服务业改革与发展的指导意见》（国卫医发〔2018〕20号）	建立优质高效的护理服务体系，健全健康养老服务网络，加强护理从业人员培养和队伍建设；鼓励有条件的地区统筹整合医疗、护理、康复和养老服务资源，逐步形成有序共享、功能合理的健康养老服务网络
	《养老机构等级划分与评定》	旨在进一步提升养老机构服务质量
	《老年人照料设施建筑设计标准》	"老年人照料设施"概念，明确了机构养老设施和提供照料服务的社区养老设施的适用范围，符合国际上对此类建筑的称谓；下调设施等级的规模指标、简化用房设置的规定等
	《关于进一步做好养老服务领域防范和处置非法集资有关工作的通知》（民办函〔2018〕116号）	加强宣传引导，提高老年人防范非法集资能力，加强监测预警，拓宽监测渠道
2019	《国务院办公厅关于推进养老服务发展的意见》（国办发〔2019〕5号）	深化放管服改革，拓宽养老服务投融资渠道，扩大养老服务就业创业、养老服务消费，促进养老服务高质量发展、养老服务基础设施建设
	《养老机构服务安全基本规范》（GB 38600—2019）	我国养老服务领域第一项强制性国家标准，明确了养老机构服务安全"红线"，基本要求部分明确了养老和评价体系基本建立，医养结合机构医疗卫生服务能力和服务质量显著提升
	《关于进一步扩大养老服务供给促进养老服务消费的实施意见》（民发〔2019〕88号）	提出"开展养老服务人才培训提升行动，确保到2022年底前培养培训1万名养老院院长、10万名专兼职老年社会工作者，切实提升养老服务持续发展能力"工作要求
	《关于加快建立全国统一养老机构等级评定体系的指导意见》（民发〔2019〕137号）	到2022年，全国统一的养老机构等级评定体系基本建立，养老机构服务质量有新提升，公众对养老服务的安全感、满意度进一步提高
2020	《养老机构管理办法》（中华人民共和国民政部令第66号）	对养老机构服务活动进行规范，丰富了监督检查和法律责任部分的内容
	《关于做好2020年养老院服务质量建设专项行动工作的通知》（民发〔2020〕46号）	养老服务综合监管制度全面实施，全国统一的养老机构等级评定制度普遍推行，养老机构服务安全强制性国家标准实施准备工作有序开展

续附表1-2

年份	政策	主要内容
2020	《关于加快实施老年人居家适老化改造工程的指导意见》(民发〔2020〕86号)	明确了两个阶段的目标任务;统筹施工改造、设施配备、老年用品配置,提出了居家适老化改造项目和老年用品配置推荐清单,明确7项基础类项目和23项可选类项目,指导各地针对老年人多层次的改造需求,合理确定本地区改造项目内容,明确相应的补贴方式
	《关于印发医养结合机构管理指南(试行)的通知》(国卫办老龄发〔2020〕15号)	主要明确六个方面的内容:一是明确对医养结合机构的基本要求;二是明确养老服务管理要求;三是明确医疗服务管理要求;四是明确医养服务衔接管理要求;五是明确运营管理要求;六是加强安全管理
	《关于开展医养结合机构服务质量提升行动的通知》(国卫办老龄函〔2020〕974号)	明确自2020年起开展为期3年的医养结合机构服务质量提升行动,重点解决影响医养结合机构医疗卫生服务质量的突出问题
	《关于印发〈养老院院长培训大纲(试行)〉和〈老年社会工作者培训大纲(试行)〉的通知》(民办发〔2020〕32号)	以当代老年人养老服务需求为导向,以提高养老机构管理人员、老年社会工作者专业素质和实践能力为目标,在总结各地人才培养经验基础上,注重理论与实践相结合
2021	《关于建立积极应对人口老龄化重点联系城市机制的通知》	统筹整合养老服务各类资金渠道,建立健全由政府、社会、个人共同参与的养老服务成本分担机制。将养老纳入国民经济社会发展总体规划统筹推进,并制定“十四五”养老服务体系建设专项规划或实施方案
	《国务院办公厅关于促进养老托育服务健康发展的意见》	针对当前养老托育服务发展面临的形势和瓶颈制约,系统提出健全政策体系、扩大服务供给、打造发展环境、完善监管服务等4个方面23项改革创新措施
	《关于加强新时代老龄工作的意见》	提出完善多层次养老保障体系,要求扩大养老保险覆盖面,大力发展企业(职业)年金,逐步实现基本养老保险法定人员全覆盖、规范发展第三支柱养老保险

续附表 1-2

年份	政策	主要内容
2021	《关于推动个人养老金发展的意见》	要推动发展适合中国国情、政府政策支持、个人自愿参加、市场化运营的个人养老金，与基本养老保险、企业（职业）年金相衔接，实现养老保险补充功能。发展多层次、多支柱养老保险体系，为个人积累养老金提供制度保障
	《国务院关于印发"十四五"国家老龄事业发展和养老服务体系规划的通知》（国发〔2021〕35号）	提出目标："十四五"时期，积极应对人口老龄化国家战略的制度框架基本建立，老龄事业和产业有效协同、高质量发展，居家社区机构相协调、医养康养相结合的养老服务体系和健康支撑体系加快健全，全社会积极应对人口老龄化格局初步形成，老年人获得感、幸福感、安全感显著提升

附录2　问卷调查样本

关于养老PPP项目社会资本方选择评价指标重要性的调查问卷

尊敬的受访人：

您好，本问卷为养老PPP项目社会资本方选择指标体系构建专家调查表，本问卷目的在于调查养老PPP项目社会资本方选择中的考察因素，并判断各因素的重要性，为养老PPP项目健康发展提供决策参考。

本问卷仅用于学术研究，烦请您根据自己的实践及研究经验，在百忙之中抽出宝贵时间协助我们完成这份调查问卷。

评价细则：

非常重要——指标对养老PPP项目影响十分重大，反映社会资本方的关键能力，直接对项目成功起到决定性作用。

重要——指标对养老PPP项目影响较大，所反映社会资本方的能力对项目成功有重要作用。

一般——指标对养老PPP项目影响明显，所反映社会资本方的能力对项目成功有直接作用。

不重要——指标对养老PPP项目影响不明显，所反映社会资本方的能力与项目成功没有必然关系。

很不重要——指标对养老PPP项目几乎没有影响，所反映社会资本方的能力与项目成功没有任何关系。

1. 请问您的年龄段为：

○18~25岁　○26~30岁　○31~40岁　○41~50岁

○51~60岁　○60岁以上

2. 您目前所在的行业为：

○教育/科研/院校　○房地产开发　○咨询服务　○法律

○会计/审计　○建筑工程/设计　○其他行业

3. 您目前的职业类型为：

○教师　○会计师/审计师　○政府/事业单位公职人员

○工程师/建筑师/设计师　○PPP咨询/顾问

○其他专业人士　○律师

4. 您从事与PPP相关的工作有多久的经验？

○1年以下　○1~3年　○3~5年　○5年以上

5. 您对养老PPP/ROT项目是否了解？

○十分了解，曾做过相关课题或写过相关论文

○比较了解，曾在文献或讲座中学习过

○不太了解，只听说过，接触很少

○不了解，从来没听说过

6. 请您根据已有经验直观判断以下财务经验类指标在养老PPP项目社会资本方选择中的重要性程度：

项目	很不重要	不重要	一般	重要	非常重要
资金实力					
融资能力及融资方案					
获得担保的能力					
运营期收费计划合理性					
财务风险方案					
债务与股权的比例					

7. 您认为还有哪些财务经验类指标需要补充？________________

____

8. 请您根据已有经验直观判断以下设施技术类指标在养老PPP项目社会资本方选择中的重要性程度：

项目	很不重要	不重要	一般	重要	非常重要
核心技术资源					
设施质量保证体系					

续表

项目	很不重要	不重要	一般	重要	非常重要
人均居住面积					
设施设计人文关怀度					
创新理念体现					

9. 您认为还有哪些设施技术类指标需要补充？________________

10. 请您根据已有经验直观判断以下运营管理类指标在养老 PPP 项目社会资本方选择中的重要性程度：

项目	很不重要	不重要	一般	重要	非常重要
安全健康及环境管理能力（HSE）					
专业护理人员资质					
健康档案管理制度					
组织结构与文化					
运营维护能力					
护工与老人比例					
协调沟通能力					
移交方案的合理性					
风险管理能力					

11. 您认为还有哪些运营管理类指标需要补充？________________

12. 请您根据已有经验直观判断以下服务水平类指标在养老 PPP 项目社会资本方选择中的重要性程度：

项目	很不重要	不重要	一般	重要	非常重要
日常生活照料服务能力					
医疗救助及保健能力					
环境卫生服务能力					
精神慰藉服务能力					
休闲文娱服务能力					
公共安全保护能力					

13. 您认为还有哪些服务水平类指标需要补充？______________________

____

14. 请您根据已有经验直观判断以下信誉水平类指标在养老 PPP 项目社会资本方选择中的重要性程度：

项目	很不重要	不重要	一般	重要	非常重要
历史项目合同履约率					
历史投诉率					
商业信用					
社会信誉					
保险措施					

15. 您认为还有哪些信誉水平类指标需要补充？______________________

____

16. 请您根据已有经验直观判断以下类似经验类指标在养老 PPP 项目社会资本方选择中的重要性程度：

项目	很不重要	不重要	一般	重要	非常重要
曾建设运营养老项目的数量					
曾建设运营养老项目的规模					
已有养老项目的用户满意度					
具备医养结合运营经验					
具备定点医保资格					

17. 您认为还有哪些类似经验类指标需要补充？______________________

____

18. 请您根据已有经验直观判断以下各指标维度在养老 PPP 项目社会资本方选择中的重要性程度：

项目	很不重要	不重要	一般	重要	非常重要
财务经验类					
设施技术类					
运营管理类					
服务水平类					
信誉水平类					
类似经验类					

附录3　某社会福利中心项目专家决策表

某社会福利中心项目专家决策表见附表3-1~附表3-5。

附表3-1　专家一决策表

一级指标	二级指标	A养老机构管理有限公司	B地产有限公司	C老年事业投资有限公司	D老年养护中心	E养老产业投资管理有限公司
财务经验	融资能力及融资方案	(0.8, 0.9, 1.0)	(0.7, 0.8, 0.9)	(0.9, 1.0, 1.0)	(0.8, 0.9, 1.0)	(0.6, 0.7, 0.8)
	财务风险方案	(0.8, 0.9, 1.0)	(0.8, 0.9, 1.0)	(0.6, 0.7, 0.8)	(0.7, 0.8, 0.9)	(0.8, 0.9, 1.0)
设施技术	核心技术资源	(0.1, 0.2, 0.4)	(0.6, 0.7, 0.8)	(0.8, 0.9, 1.0)	(0.3, 0.5, 0.7)	(0.7, 0.8, 0.9)
	设施质量保证体系	(0.3, 0.5, 0.7)	(0.6, 0.7, 0.8)	(0.8, 0.9, 1.0)	(0.1, 0.2, 0.4)	(0.3, 0.5, 0.7)
	设施设计人文关怀度	(0.7, 0.8, 0.9)	(0.7, 0.8, 0.9)	(0.9, 1.0, 1.0)	(0.9, 1.0, 1.0)	(0.8, 0.9, 1.0)
运营管理	安全健康及环境管理能力	(0.7, 0.8, 0.9)	(0.8, 0.9, 1.0)	(0.7, 0.8, 0.9)	(0.7, 0.8, 0.9)	(0.1, 0.2, 0.4)
	专业护理人员资质	(0.9, 1.0, 1.0)	(0.9, 1.0, 1.0)	(0.9, 1.0, 1.0)	(0.6, 0.7, 0.8)	(0.6, 0.7, 0.8)
	健康档案管理制度	(0.6, 0.7, 0.8)	(0.6, 0.7, 0.8)	(0.6, 0.7, 0.8)	(0.3, 0.5, 0.7)	(0.1, 0.2, 0.4)
	运营维护能力	(0.7, 0.8, 0.9)	(0.7, 0.8, 0.9)	(0.7, 0.8, 0.9)	(0.3, 0.5, 0.7)	(0.7, 0.8, 0.9)
	协调沟通能力	(0.7, 0.8, 0.9)	(0.6, 0.7, 0.8)	(0.8, 0.9, 1.0)	(0.8, 0.9, 1.0)	(0.9, 1.0, 1.0)
	移交方案的合理性	(0.6, 0.7, 0.8)	(0.9, 1.0, 1.0)	(0.9, 1.0, 1.0)	(0.6, 0.7, 0.8)	(0.1, 0.2, 0.4)
服务水平	日常生活照料服务能力	(0.8, 0.9, 1.0)	(0.6, 0.7, 0.8)	(0.9, 1.0, 1.0)	(0.9, 1.0, 1.0)	(0.6, 0.7, 0.8)
	医疗救助及保健能力	(0.6, 0.7, 0.8)	(0.3, 0.5, 0.7)	(0.7, 0.8, 0.9)	(0.9, 1.0, 1.0)	(0.3, 0.5, 0.7)
	环境卫生服务能力	(0.8, 0.9, 1.0)	(0.7, 0.8, 0.9)	(0.9, 1.0, 1.0)	(0.7, 0.8, 0.9)	(0.7, 0.8, 0.9)

续附表 3-1

一级指标	二级指标	A 养老机构管理有限公司	B 地产有限公司	C 老年事业投资有限公司	D 老年养护中心	E 养老产业投资管理有限公司
服务水平	精神慰藉服务能力	(0.9, 1.0, 1.0)	(0.8, 0.9, 1.0)	(0.9, 1.0, 1.0)	(0.9, 1.0, 1.0)	(0.7, 0.8, 0.9)
	休闲文娱服务能力	(0.3, 0.5, 0.7)	(0.7, 0.8, 0.9)	(0.3, 0.5, 0.7)	(0.3, 0.5, 0.7)	(0.9, 1.0, 1.0)
信誉水平	商业信用	(0.7, 0.8, 0.9)	(0.7, 0.8, 0.9)	(0.7, 0.8, 0.9)	(0.7, 0.8, 0.9)	(0.7, 0.8, 0.9)
	社会信誉	(0.7, 0.8, 0.9)	(0.8, 0.9, 1.0)	(0.9, 1.0, 1.0)	(0.6, 0.7, 0.8)	(0.8, 0.9, 1.0)
类似经验	已有养老项目的用户满意度	(0.9, 1.0, 1.0)	(0.3, 0.5, 0.7)	(0.8, 0.9, 1.0)	(0.9, 1.0, 1.0)	(0.1, 0.2, 0.4)
	具备医养结合运营经验	(0.6, 0.7, 0.8)	(0, 0, 0.2)	(0.9, 1.0, 1.0)	(0.7, 0.8, 0.9)	(0.3, 0.5, 0.7)
	具备定点医保资格	(0.3, 0.5, 0.7)	(0.6, 0.7, 0.8)	(0.9, 1.0, 1.0)	(0.7, 0.8, 0.9)	(0.1, 0.2, 0.4)

附表 3-2　专家二决策表

一级指标	二级指标	A 养老机构管理有限公司	B 地产有限公司	C 老年事业投资有限公司	D 老年养护中心	E 养老产业投资管理有限公司
财务经验	融资能力及融资方案	(0.8, 0.9, 1.0)	(0.7, 0.8, 0.9)	(0.8, 0.9, 1.0)	(0.9, 1.0, 1.0)	(0.6, 0.7, 0.8)
	财务风险方案	(0.9, 1.0, 1.0)	(0.9, 1.0, 1.0)	(0.7, 0.8, 0.9)	(0.6, 0.7, 0.8)	(0.8, 0.9, 1.0)
设施技术	核心技术资源	(0.3, 0.5, 0.7)	(0.7, 0.8, 0.9)	(0.7, 0.8, 0.9)	(0.7, 0.8, 0.9)	(0.8, 0.9, 1.0)
	设施质量保证体系	(0.6, 0.7, 0.8)	(0.6, 0.7, 0.8)	(0.6, 0.7, 0.8)	(0.6, 0.7, 0.8)	(0.3, 0.5, 0.7)
	设施设计人文关怀度	(0.6, 0.7, 0.8)	(0.8, 0.9, 1.0)	(0.9, 1.0, 1.0)	(0.7, 0.8, 0.9)	(0.9, 1.0, 1.0)
运营管理	安全健康及环境管理能力	(0.8, 0.9, 1.0)	(0.6, 0.7, 0.8)	(0.6, 0.7, 0.8)	(0.3, 0.5, 0.7)	(0.3, 0.5, 0.7)
	专业护理人员资质	(0.9, 1.0, 1.0)	(0.9, 1.0, 1.0)	(0.9, 1.0, 1.0)	(0.9, 1.0, 1.0)	(0.8, 0.9, 1.0)

续附表 3-2

一级指标	二级指标	A 养老机构管理有限公司	B 地产有限公司	C 老年事业投资有限公司	D 老年养护中心	E 养老产业投资管理有限公司
运营管理	健康档案管理制度	(0.3, 0.5, 0.7)	(0.7, 0.8, 0.9)	(0.8, 0.9, 1.0)	(0.6, 0.7, 0.8)	(0.1, 0.2, 0.4)
	运营维护能力	(0.3, 0.5, 0.7)	(0.6, 0.7, 0.8)	(0.7, 0.8, 0.9)	(0.6, 0.7, 0.8)	(0.6, 0.7, 0.8)
	协调沟通能力	(0.7, 0.8, 0.9)	(0.7, 0.8, 0.9)	(0.8, 0.9, 1.0)	(0.7, 0.8, 0.9)	(0.7, 0.8, 0.9)
	移交方案的合理性	(0.7, 0.8, 0.9)	(0.9, 1.0, 1.0)	(0.8, 0.9, 1.0)	(0.3, 0.5, 0.7)	(0.6, 0.7, 0.8)
服务水平	日常生活照料服务能力	(0.7, 0.8, 0.9)	(0.7, 0.8, 0.9)	(0.8, 0.9, 1.0)	(0.7, 0.8, 0.9)	(0.7, 0.8, 0.9)
	医疗救助及保健能力	(0.8, 0.9, 1.0)	(0.1, 0.2, 0.4)	(0.7, 0.8, 0.9)	(0.8, 0.9, 1.0)	(0.1, 0.2, 0.4)
	环境卫生服务能力	(0.7, 0.8, 0.9)	(0.7, 0.8, 0.9)	(0.8, 0.9, 1.0)	(0.3, 0.5, 0.7)	(0.8, 0.9, 1.0)
	精神慰藉服务能力	(0.7, 0.8, 0.9)	(0.6, 0.7, 0.8)	(0.8, 0.9, 1.0)	(0.9, 1.0, 1.0)	(0.8, 0.9, 1.0)
	休闲文娱服务能力	(0.7, 0.8, 0.9)	(0.8, 0.9, 1.0)	(0.6, 0.7, 0.8)	(0.1, 0.2, 0.4)	(0.7, 0.8, 0.9)
信誉水平	商业信用	(0.7, 0.8, 0.9)	(0.7, 0.8, 0.9)	(0.7, 0.8, 0.9)	(0.7, 0.8, 0.9)	(0.7, 0.8, 0.9)
	社会信誉	(0.6, 0.7, 0.8)	(0.8, 0.9, 1.0)	(0.8, 0.9, 1.0)	(0.6, 0.7, 0.8)	(0.8, 0.9, 1.0)
类似经验	已有养老项目的用户满意度	(0.8, 0.9, 1.0)	(0.6, 0.7, 0.8)	(0.8, 0.9, 1.0)	(0.8, 0.9, 1.0)	(0.1, 0.2, 0.4)
	具备医养结合运营经验	(0.3, 0.5, 0.7)	(0.1, 0.2, 0.4)	(0.9, 1.0, 1.0)	(0.8, 0.9, 1.0)	(0.1, 0.2, 0.4)
	具备定点医保资格	(0.6, 0.7, 0.8)	(0, 0.1, 0.3)	(0.8, 0.9, 1.0)	(0.6, 0.7, 0.8)	(0, 0.1, 0.3)

附表 3-3　专家三决策表

一级指标	二级指标	A 养老机构管理有限公司	B 地产有限公司	C 老年事业投资有限公司	D 老年养护中心	E 养老产业投资管理有限公司
财务经验	融资能力及融资方案	(0.8, 0.9, 1.0)	(0.6, 0.7, 0.8)	(0.9, 1.0, 1.0)	(0.7, 0.8, 0.9)	(0.7, 0.8, 0.9)
	财务风险方案	(0.7, 0.8, 0.9)	(0.7, 0.8, 0.9)	(0.7, 0.8, 0.9)	(0.7, 0.8, 0.9)	(0.6, 0.7, 0.8)
设施技术	核心技术资源	(0.6, 0.7, 0.8)	(0.6, 0.7, 0.8)	(0.8, 0.9, 1.0)	(0.7, 0.8, 0.9)	(0.7, 0.8, 0.9)
	设施质量保证体系	(0.7, 0.8, 0.9)	(0.7, 0.8, 0.9)	(0.8, 0.9, 1.0)	(0.3, 0.5, 0.7)	(0.1, 0.2, 0.4)
	设施设计人文关怀度	(0.8, 0.9, 1.0)	(0.9, 1.0, 1.0)	(0.9, 1.0, 1.0)	(0.8, 0.9, 1.0)	(0.6, 0.7, 0.8)
运营管理	安全健康及环境管理能力	(0.6, 0.7, 0.8)	(0.6, 0.7, 0.8)	(0.8, 0.9, 1.0)	(0.7, 0.8, 0.9)	(0.6, 0.7, 0.8)
	专业护理人员资质	(0.7, 0.8, 0.9)	(0.8, 0.9, 1.0)	(0.9, 1.0, 1.0)	(0.9, 1.0, 1.0)	(0.9, 1.0, 1.0)
	健康档案管理制度	(0.8, 0.9, 1.0)	(0.7, 0.8, 0.9)	(0.6, 0.7, 0.8)	(0, 0.1, 0.3)	(0.6, 0.7, 0.8)
	运营维护能力	(0.1, 0.2, 0.4)	(0.7, 0.8, 0.9)	(0.6, 0.7, 0.8)	(0.7, 0.8, 0.9)	(0.6, 0.7, 0.8)
	协调沟通能力	(0.1, 0.2, 0.4)	(0.6, 0.7, 0.8)	(0.9, 1.0, 1.0)	(0.8, 0.9, 1.0)	(0.7, 0.8, 0.9)
	移交方案的合理性	(0.6, 0.7, 0.8)	(0.8, 0.9, 1.0)	(0.7, 0.8, 0.9)	(0.6, 0.7, 0.8)	(0.3, 0.5, 0.7)
服务水平	日常生活照料服务能力	(0.9, 1.0, 1.0)	(0.6, 0.7, 0.8)	(0.7, 0.8, 0.9)	(0.6, 0.7, 0.8)	(0.8, 0.9, 1.0)
	医疗救助及保健能力	(0.6, 0.7, 0.8)	(0.6, 0.7, 0.8)	(0.9, 1.0, 1.0)	(0.6, 0.7, 0.8)	(0.3, 0.5, 0.7)
	环境卫生服务能力	(0.9, 1.0, 1.0)	(0.6, 0.7, 0.8)	(0.8, 0.9, 1.0)	(0.7, 0.8, 0.9)	(0.7, 0.8, 0.9)
	精神慰藉服务能力	(0.9, 1.0, 1.0)	(0.7, 0.8, 0.9)	(0.9, 1.0, 1.0)	(0.8, 0.9, 1.0)	(0.7, 0.8, 0.9)
	休闲文娱服务能力	(0.8, 0.9, 1.0)	(0.8, 0.9, 1.0)	(0.6, 0.7, 0.8)	(0, 0.1, 0.3)	(0.6, 0.7, 0.8)

续附表 3-3

一级指标	二级指标	A 养老机构管理有限公司	B 地产有限公司	C 老年事业投资有限公司	D 老年养护中心	E 养老产业投资管理有限公司
信誉水平	商业信用	(0.6, 0.7, 0.8)	(0.6, 0.7, 0.8)	(0.6, 0.7, 0.8)	(0.6, 0.7, 0.8)	(0.6, 0.7, 0.8)
	社会信誉	(0.6, 0.7, 0.8)	(0.6, 0.7, 0.8)	(0.8, 0.9, 1.0)	(0.8, 0.9, 1.0)	(0.8, 0.9, 1.0)
类似经验	已有养老项目的用户满意度	(0.6, 0.7, 0.8)	(0.3, 0.5, 0.7)	(0.6, 0.7, 0.8)	(0.9, 1.0, 1.0)	(0.3, 0.5, 0.7)
	具备医养结合运营经验	(0.6, 0.7, 0.8)	(0.3, 0.5, 0.7)	(0.8, 0.9, 1.0)	(0.7, 0.8, 0.9)	(0.3, 0.5, 0.7)
	具备定点医保资格	(0.7, 0.8, 0.9)	(0.3, 0.5, 0.7)	(0.9, 1.0, 1.0)	(0.8, 0.9, 1.0)	(0.3, 0.5, 0.7)

附表 3-4　专家四决策表

一级指标	二级指标	A 养老机构管理有限公司	B 地产有限公司	C 老年事业投资有限公司	D 老年养护中心	E 养老产业投资管理有限公司
财务经验	融资能力及融资方案	(0.7, 0.8, 0.9)	(0.7, 0.8, 0.9)	(0.9, 1.0, 1.0)	(0.9, 1.0, 1.0)	(0.7, 0.8, 0.9)
	财务风险方案	(0.9, 1.0, 1.0)	(0.7, 0.8, 0.9)	(0.8, 0.9, 1.0)	(0.3, 0.5, 0.7)	(0.6, 0.7, 0.8)
设施技术	核心技术资源	(0.7, 0.8, 0.9)	(0.7, 0.8, 0.9)	(0.8, 0.9, 1.0)	(0.3, 0.5, 0.7)	(0.8, 0.9, 1.0)
	设施质量保证体系	(0.3, 0.5, 0.7)	(0.3, 0.5, 0.7)	(0.6, 0.7, 0.8)	(0.3, 0.5, 0.7)	(0.1, 0.2, 0.4)
	设施设计人文关怀度	(0.6, 0.7, 0.8)	(0.8, 0.9, 1.0)	(0.9, 1.0, 1.0)	(0.7, 0.8, 0.9)	(0.6, 0.7, 0.8)
运营管理	安全健康及环境管理能力	(0.8, 0.9, 1.0)	(0.8, 0.9, 1.0)	(0.8, 0.9, 1.0)	(0.6, 0.7, 0.8)	(0.3, 0.5, 0.7)
	专业护理人员资质	(0.8, 0.9, 1.0)	(0.7, 0.8, 0.9)	(0.9, 1.0, 1.0)	(0.8, 0.9, 1.0)	(0.8, 0.9, 1.0)
	健康档案管理制度	(0.7, 0.8, 0.9)	(0.7, 0.8, 0.9)	(0.7, 0.8, 0.9)	(0.3, 0.5, 0.7)	(0.3, 0.5, 0.7)
	运营维护能力	(0.3, 0.5, 0.7)	(0.9, 1.0, 1.0)	(0.6, 0.7, 0.8)	(0.6, 0.7, 0.8)	(0.6, 0.7, 0.8)

续附表 3-4

一级指标	二级指标	A 养老机构管理有限公司	B 地产有限公司	C 老年事业投资有限公司	D 老年养护中心	E 养老产业投资管理有限公司
运营管理	协调沟通能力	(0.3, 0.5, 0.7)	(0.7, 0.8, 0.9)	(0.8, 0.9, 1.0)	(0.7, 0.8, 0.9)	(0.6, 0.7, 0.8)
	移交方案的合理性	(0.9, 1.0, 1.0)	(0.9, 1.0, 1.0)	(0.9, 1.0, 1.0)	(0.3, 0.5, 0.7)	(0, 0.1, 0.3)
服务水平	日常生活照料服务能力	(0.8, 0.9, 1.0)	(0.8, 0.9, 1.0)	(0.6, 0.7, 0.8)	(0.9, 1.0, 1.0)	(0.7, 0.8, 0.9)
	医疗救助及保健能力	(0.7, 0.8, 0.9)	(0.1, 0.2, 0.4)	(0.9, 1.0, 1.0)	(0.8, 0.9, 1.0)	(0.3, 0.5, 0.7)
	环境卫生服务能力	(0.8, 0.9, 1.0)	(0.6, 0.7, 0.8)	(0.8, 0.9, 1.0)	(0.8, 0.9, 1.0)	(0.7, 0.8, 0.9)
	精神慰藉服务能力	(0.9, 1.0, 1.0)	(0.7, 0.8, 0.9)	(0.8, 0.9, 1.0)	(0.9, 1.0, 1.0)	(0.8, 0.9, 1.0)
	休闲文娱服务能力	(0.6, 0.7, 0.8)	(0.8, 0.9, 1.0)	(0.3, 0.5, 0.7)	(0.3, 0.5, 0.7)	(0.6, 0.7, 0.8)
信誉水平	商业信用	(0.6, 0.7, 0.8)	(0.6, 0.7, 0.8)	(0.6, 0.7, 0.8)	(0.6, 0.7, 0.8)	(0.6, 0.7, 0.8)
	社会信誉	(0.8, 0.9, 1.0)	(0.8, 0.9, 1.0)	(0.9, 1.0, 1.0)	(0.8, 0.9, 1.0)	(0.6, 0.7, 0.8)
类似经验	已有养老项目的用户满意度	(0.9, 1.0, 1.0)	(0.6, 0.7, 0.8)	(0.3, 0.5, 0.7)	(0.6, 0.7, 0.8)	(0, 0, 0.2)
	具备医养结合运营经验	(0.3, 0.5, 0.7)	(0.1, 0.2, 0.4)	(0.7, 0.8, 0.9)	(0.8, 0.9, 1.0)	(0.3, 0.5, 0.7)
	具备定点医保资格	(0.3, 0.5, 0.7)	(0.3, 0.5, 0.7)	(0.9, 1.0, 1.0)	(0.8, 0.9, 1.0)	(0, 0.1, 0.3)

附表 3-5　专家五决策表

一级指标	二级指标	A 养老机构管理有限公司	B 地产有限公司	C 老年事业投资有限公司	D 老年养护中心	E 养老产业投资管理有限公司
财务经验	融资能力及融资方案	(0.7, 0.8, 0.9)	(0.7, 0.8, 0.9)	(0.9, 1.0, 1.0)	(0.8, 0.9, 1.0)	(0.7, 0.8, 0.9)
	财务风险方案	(0.7, 0.8, 0.9)	(0.8, 0.9, 1.0)	(0.6, 0.7, 0.8)	(0.8, 0.9, 1.0)	(0.6, 0.7, 0.8)

续附表 3-5

一级指标	二级指标	A 养老机构管理有限公司	B 地产有限公司	C 老年事业投资有限公司	D 老年养护中心	E 养老产业投资管理有限公司
设施技术	核心技术资源	(0.3, 0.5, 0.7)	(0.6, 0.7, 0.8)	(0.8, 0.9, 1.0)	(0.6, 0.7, 0.8)	(0.9, 1.0, 1.0)
	设施质量保证体系	(0.3, 0.5, 0.7)	(0.3, 0.5, 0.7)	(0.9, 1.0, 1.0)	(0.3, 0.5, 0.7)	(0, 0.1, 0.3)
	设施设计人文关怀度	(0.8, 0.9, 1.0)	(0.7, 0.8, 0.9)	(0.9, 1.0, 1.0)	(0.7, 0.8, 0.9)	(0.7, 0.8, 0.9)
运营管理	安全健康及环境管理能力	(0.7, 0.8, 0.9)	(0.6, 0.7, 0.8)	(0.8, 0.9, 1.0)	(0.6, 0.7, 0.8)	(0.6, 0.7, 0.8)
	专业护理人员资质	(0.7, 0.8, 0.9)	(0.8, 0.9, 1.0)	(0.7, 0.8, 0.9)	(0.9, 1.0, 1.0)	(0.9, 1.0, 1.0)
	健康档案管理制度	(0.6, 0.7, 0.8)	(0.7, 0.8, 0.9)	(0.6, 0.7, 0.8)	(0, 0, 0.2)	(0.3, 0.5, 0.7)
	运营维护能力	(0.6, 0.7, 0.8)	(0.6, 0.7, 0.8)	(0.6, 0.7, 0.8)	(0.3, 0.5, 0.7)	(0.7, 0.8, 0.9)
	协调沟通能力	(0.6, 0.7, 0.8)	(0.3, 0.5, 0.7)	(0.8, 0.9, 1.0)	(0.6, 0.7, 0.8)	(0.8, 0.9, 1.0)
	移交方案的合理性	(0.8, 0.9, 1.0)	(0.8, 0.9, 1.0)	(0.9, 1.0, 1.0)	(0.7, 0.8, 0.9)	(0.3, 0.5, 0.7)
服务水平	日常生活照料服务能力	(0.9, 1.0, 1.0)	(0.6, 0.7, 0.8)	(0.8, 0.9, 1.0)	(0.6, 0.7, 0.8)	(0.6, 0.7, 0.8)
	医疗救助及保健能力	(0.6, 0.7, 0.8)	(0.6, 0.7, 0.8)	(0.9, 1.0, 1.0)	(0.9, 1.0, 1.0)	(0.3, 0.5, 0.7)
	环境卫生服务能力	(0.8, 0.9, 1.0)	(0.6, 0.7, 0.8)	(0.9, 1.0, 1.0)	(0.6, 0.7, 0.8)	(0.9, 1.0, 1.0)
	精神慰藉服务能力	(0.7, 0.8, 0.9)	(0.8, 0.9, 1.0)	(0.9, 1.0, 1.0)	(0.8, 0.9, 1.0)	(0.7, 0.8, 0.9)
	休闲文娱服务能力	(0.6, 0.7, 0.8)	(0.7, 0.8, 0.9)	(0.7, 0.8, 0.9)	(0.3, 0.5, 0.7)	(0.9, 1.0, 1.0)
信誉水平	商业信用	(0.6, 0.7, 0.8)	(0.6, 0.7, 0.8)	(0.6, 0.7, 0.8)	(0.6, 0.7, 0.8)	(0.6, 0.7, 0.8)
	社会信誉	(0.7, 0.8, 0.9)	(0.7, 0.8, 0.9)	(0.8, 0.9, 1.0)	(0.6, 0.7, 0.8)	(0.6, 0.7, 0.8)

续附表 3-5

一级指标	二级指标	A 养老机构管理有限公司	B 地产有限公司	C 老年事业投资有限公司	D 老年养护中心	E 养老产业投资管理有限公司
类似经验	已有养老项目的用户满意度	(0.8, 0.9, 1.0)	(0.3, 0.5, 0.7)	(0.6, 0.7, 0.8)	(0.6, 0.7, 0.8)	(0.3, 0.5, 0.7)
	具备医养结合运营经验	(0.1, 0.2, 0.4)	(0, 0.1, 0.3)	(0.9, 1.0, 1.0)	(0.7, 0.8, 0.9)	(0, 0.1, 0.3)
	具备定点医保资格	(0, 0.1, 0.3)	(0, 0, 0.2)	(0.7, 0.8, 0.9)	(0.7, 0.8, 0.9)	(0, 0.1, 0.3)

参考文献

[1] WHO. Ageing and health [EB/OL]. (2018-02-05) [2019-11-18]. https://www.who.int/news-room/fact-sheets/detail/ageing-and-health.

[2] 国家统计局．第七次全国人口普查公报解读 [R]. https://proapi.jingjiribao.cn/detail.html? id=339961, 2021-05-12.

[3] 国家统计局．第七次全国人口普查公报（第五号）[R]. 国务院第七次全国人口普查领导小组办公室，2021-05-11.

[4] 杜鹏，李龙．新时代中国人口老龄化长期趋势预测 [J]. 中国人民大学学报，2021，35 (1)：96~109.

[5] 全国老龄工作委员会办公室．第四次中国城乡老年人生活状况抽样调查总数据集 [M]. 北京：华龄出版社，2018.

[6] 国家统计局．中华人民共和国 2018 年国民经济和社会发展统计公报 [M]. 北京：中国统计出版社，2019.

[7] 国家统计局．中国统计年鉴 2021 [M]. 北京：中国统计出版社，2021.

[8] 中国老龄科学研究中心．中国城乡老年人生活状况抽样调查数据简报（2015 年）[R]. 中国老龄科学研究中心，2021-04-24.

[9] 董红亚．我国社会养老服务体系的解析和重构 [J]. 社会科学，2012 (3)：68~75.

[10] 民政部："困难群众生活救助和养老服务体系建设"记者会，2011 年 3 月 8 日 (http://www.china.com.cn).

[11] 董克用，王振振，张栋．中国人口老龄化与养老体系建设 [J]. 经济社会体制比较，2020 (1)：53~64.

[12] 胡宏伟，蒋浩琛．我国基本养老服务的概念阐析与政策意涵 [J]. 社会政策研究，2021 (4)：16~34.

[13] 刘辉．我国老龄化社会养老模式探究 [J]. 法制与社会，2015 (4)：169~170.

[14] 贾康，孙洁．公私伙伴关系（PPP）的概念、起源、特征与功能 [J]. 财政研究，2009 (10)：2~10.

[15] 叶晓甦，徐春梅．我国公共项目公私合作（PPP）模式研究述评 [J]. 软科学，2013，27 (6)：6~9.

[16] 刘薇．PPP 模式理论阐释及其现实例证 [J]. 改革，2015 (1)：78~89.

[17] 郭湘闽，曾克．基于 ROT 模式的大型体育中心赛后改造规划探讨——以深圳大运中心为例 [J]. 规划师，2015，31 (7)：24~29.

[18] 卢金逵，倪刚．基于 TOT-BOT 组合的大型体育场馆融资模式的研究 [J]. 体育科学，2008 (5)：35~36.

[19] 张小富．PPP 模式的适用范围及选择原则 [J]. 财会月刊，2018 (3)：53~58.

[20] 段喜枚．我国养老机构建设引入 PPP 模式的研究 [D]. 广州：广东财经大学，2016.

[21] 郜凯英．我国养老机构应用 PPP 模式建设与管理研究 [J]. 价格理论与实践，2015 (10)：120~122.

[22] 李杰，陈超美．CiteSpace 科技文本挖掘及可视化 [M]. 北京：首都经济贸易大学出版

社，2016：84~108，194~206.

［23］邱淞，潘黎，侯剑华．国际特殊教育研究的热点领域和前沿演进——基于SSCI中最有影响力的十种特殊教育期刊文献的计量和可视化分析［J］．中国特殊教育，2013（7）：8~16.

［24］张晓平，赵艳艳，金凤君，等．近25年来国内外可持续发展研究热点追踪——基于CiteSpace的文献计量分析［J］．中国科学院大学学报，2022，39（1）：55~63.

［25］胡金萍，林丽君．国内残疾人研究的热点主题和前沿演进——基于CSSCI期刊的可视化分析［J］．山东社会科学，2019（11）：118~125.

［26］赵成峰．我国PPP发展历程和法规政策基本取向［J］．宏观经济管理，2017（10）：32~35，48.

［27］伍迪，王守清．PPP模式在中国的研究发展与趋势［J］．工程管理学报，2014，28（6）：75~80.

［28］陈琤，李丹．PPP政策变迁与政策学习模式：1980至2015年PPP中央政策文本分析［J］．中国行政管理，2017（2）：102~107.

［29］李启明，熊伟，袁竞峰．基于多方满意的PPP项目调价机制的设计［J］．东南大学学报（哲学社会科学版），2010，12（1）：16~20，123.

［30］赖丹馨，费方域．公私合作制（PPP）的效率：一个综述［J］．经济学家，2010（7）：97~104.

［31］杨钦元．论PPP与能源资本结构优化的法律路径［D］．上海：华东政法大学，2017.

［32］吴芳亮．PPP模式在市政建设中的应用研究［J］．市政技术，2010，28（3）：164~166，176.

［33］胡方俊．PPP在交通运输行业应用研究［J］．交通建设与管理，2014（13）：48~51.

［34］周国光，江春霞．交通基础设施PPP项目失败因素分析［J］．技术经济与管理研究，2015（11）：8~13.

［35］戴悦，孙虹，周丽．医疗服务供给的公私合作伙伴关系模式探讨［J］．中南大学学报（医学版），2015，40（2）：214~221.

［36］杨越涵，阎月明，马晓静．我国医疗卫生领域PPP模式政策发展研究［J］．中国医院管理，2019，39（8）：23~25.

［37］王经绫，华龙．PPP机制应用于我国养老机构建设的必要性研究［J］．经济研究参考，2014（52）：57~61.

［38］张韬．PPP模式下优化养老机构建设与运营的策略研究［J］．兰州学刊，2018（3）：164~172.

［39］李士梅．中国养老模式的多元化发展［J］．人口学刊，2007（5）：40~43.

［40］穆光宗．我国机构养老发展的困境与对策［J］．华中师范大学学报（人文社会科学版），2012，51（2）：31~38.

［41］包世荣．国外医养结合养老模式及其对中国的启示［J］．哈尔滨工业大学学报（社会科学版），2018，20（2）：58~63.

［42］谭有模．“互联网+”背景下积分养老服务模式研究［J］．中国卫生事业管理，2021，38（10）：728~731.

［43］杨博维，薛晓．我国养老产业发展的思考与对策［J］．天府新论，2013（1）：77~81.

[44] 徐丹. 商业银行发展养老金融策略分析 [J]. 新金融，2013（11）：36~41.
[45] 张郧，吴振华. 产业链视角下养老产业发展研究 [J]. 科技进步与对策，2015，32（24）：62~64.
[46] 刘禹君. 中国老龄产业市场化发展研究 [D]. 长春：吉林大学，2017.
[47] 廖剑南. PPP 模式养老项目的投资决策研究 [D]. 南昌：江西财经大学，2020.
[48] 胡桂祥，王倩. PPP 模式应用于养老机构建设的必要性与应用条件分析 [J]. 建筑经济，2012（2）：101~104.
[49] 徐宏，岳乾月. 养老服务业 PPP 发展模式及路径优化 [J]. 财经科学，2018（5）：119~132.
[50] 桂雄. PPP 应用于我国养老服务业的政策分析 [J]. 中国财政，2016（7）：38~40.
[51] 王培培，李文. PPP 模式下社会养老服务体系建设的创新与重构 [J]. 理论月刊，2016（8）：135~140.
[52] 孙涛，谢东明，赵志荣. 养老 PPP 的服务模式与融资结构研究 [J]. 吉林大学社会科学学报，2020，60（2）：167~178，223.
[53] 巢小丽，毛寿龙. 合作优势、运营方式与规制设计：F 省机构养老 PPP 模式分析 [J]. 理论探讨，2017（3）：171~176.
[54] 王雪青，喻刚，邴兴国. PPP 项目融资模式风险分担研究 [J]. 软科学，2007（6）：39~42.
[55] 刘新平，王守清. 试论 PPP 项目的风险分配原则和框架 [J]. 建筑经济，2006（2）：59~63.
[56] 胡丽，张卫国，叶晓甦. 基于 SHAPELY 修正的 PPP 项目利益分配模型研究 [J]. 管理工程学报，2011，25（2）：149~154.
[57] 毛君豪. PPP 项目风险分配基本框架优化研究 [J]. 建筑经济，2019，40（6）：34~37.
[58] 郝涛，徐宏，岳乾月，等. PPP 模式下养老服务有效供给与实现路径研究 [J]. 经济与管理评论，2017，33（1）：119~125.
[59] 刘启慧，黄情怡，于巍. 北京 PPP 养老模式调查研究：以恭和老年公寓为例 [J]. 科技经济导刊，2017（34）：244~246.
[60] 冯雪东，郑生钦. 养老地产 PPP 项目投资风险评价研究 [J]. 工程管理学报，2016，30（3）：148~152.
[61] 黄闯，李琳. 养老服务业发展的理想前景和实践困局——以我国人口老龄化背景为视角 [J]. 长白学刊，2015（3）：114~120.
[62] 李春，王千. 政府购买养老服务过程中的第三方评估制度探讨 [J]. 中国行政管理，2014（12）：38~42.
[63] Mohanm. Kumaraswamy，Aaronm. Anvuur. Seleeting sustainable teams for PPP Projeets [J]. Building and Environment，2008，43（6）：999~1009.
[64] Xueqing Zhang. Best value concessionaire selection through a fuzzy logicsystem [J]. Expert Systems with Applications，2009（36）：7519~7527.
[65] Zhang S，Gao Y，Feng Z，et al. PPP application in infrastructure development in China：institutional analysis and implications [J]. International Journal of Project Management，2015，33（3）：497~509.

[66] Liu J, Yu X, Cheah C Y J. Evaluation of restrictive competition in PPP projects using real option approach [J]. International Journal of Project Management, 2014, 32 (3): 473~481.
[67] Xueqing Zhang. Concessionaire Selection: Methods and Criteria, Journal of Construction [J]. Engineering and Management, 2004 (4): 235~244.
[68] Doni N. A Comparison of Alternative Procedures for the Selection of the Private Partner in PPP Projects [J]. Ssrn Electronic Journal, 2008.
[69] Wang Wenxiong, Li Qiming, Deng Xiaopeng. Selecting Optimal Private Sector Partner in Infrastructure Projects under PPP Model [J]. International Conference on Management Science&Engineering , 2007 (14): 2264~2270.
[70] 路浩，何德文．考虑社会成本的 BOT 项目特许经营者评标模型研究 [J]. 工程管理学报，2014，28 (6)：86~90.
[71] 吴昊莺．基于 AHP 的县级城市 PPP 项目私营部门评价方法研究 [J]. 项目管理技术，2016，14 (1)：42~47.
[72] 闰飞，李海武，探究政府如何更好地选择高速公路 BOT 项目投资人 [J]. 广东科技，2009 (7)：46~47.
[73] 张轶．风险分析下的 PPP 模式私营合作者选择方式研究 [J]. 中国建设信息（水工业市场），2011 (1)：32~33.
[74] 卢志刚，林卡．基于声誉的供应链合作伙伴选择模型 [J]. 计算机工程，2015，41 (6)：152~157.
[75] 易欣．PPP 轨道交通项目合作伙伴三阶段选择机制 [J]. 土木工程与管理学报，2016，33 (2)：43~50，55.
[76] 宋波，徐飞．基于多目标群决策迭代算法的 PPP 项目合作伙伴选择 [J]. 系统管理学报，2011，20 (6)：690~695.
[77] 丛旭辉，郭树荣，吴朋，等．PPP 模式下社会资本联合体的合作伙伴优选决策——基于任务和关系视角 [J]. 土木工程与管理学报，2017，34 (5)：140~146.
[78] 章昀玥，张云宁，欧阳红祥．PPP 模式下基础设施项目合作伙伴选择研究 [J]. 工程管理学报，2016，30 (4)：85~89.
[79] 何寿奎，基于管理效率的公私合作项目伙伴选择与激励机制 [J]. 数学的实践与认识，2010，40 (8)：1~7.
[80] 王浩鹏．大连市社会养老 PPP 模式合作伙伴选择研究 [D]. 大连：大连工业大学，2014.
[81] 任志涛，雷瑞波．基于 ELECTRE 法的养老机构 PPP 模式合作伙伴选择研究 [J]. 城市，2017 (9)：27~33.
[82] 杜虹静．基于供应链的养老地产合作伙伴选择评价研究 [D]. 重庆：重庆大学，2015.
[83] 吴萍，吴珊珊．养老机构地产 PPP 项目合作伙伴选择研究 [J]. 建筑经济，2016，37 (7)：77~80.
[84] 姜雪．基于混合多属性群决策的养老 PPP 项目合作伙伴选择研究 [D]. 大连：东北财经大学，2016.
[85] 2017 年中国养老 PPP 模式主题投资策略、市场空间分析．http：//www. chyxx. com/industry/201612/477272. html.

[86] Holt G D, Olomolaiye P O, Harris F C. Factors influencing UK construction clients choice of contractor [J]. Build Environment, 1994, 29 (2): 241~248.

[87] Antonio D J, Photios G I. Company and project evaluation model for privately promoted infrastructure projects [J]. Journal of Construction Engineering and Mamgement, 1996, 22 (1): 71~80.

[88] Xueqing Zhang. Concessionaire Selection: Methods and Criteria [J]. Jowm of Construc-tion Engineering and Management, 2004, 12 (4): 235~244.

[89] Iqbal Khadaroo. The actual evaluation of school PFI bids for value for money in the UK public sector. Criti Perspect Account, 2013, 19 (8): 1321~1345.

[90] 程言家. 基础设施 PPP 模式中特许权获得者的选择研究 [D]. 南京: 南京航空航天大学, 2008.

[91] 李伟. 公开招标中资格预审评价研究——基于 BOT 火力发电厂建设 [D]. 济南: 山东大学, 2009.

[92] 国翔宇. BOT 项目特许经营者选择标准研究 [D]. 大连: 大连理工大学, 2011.

[93] 王东波, 王薇. 基础设施项目 PPP 模式选择研究述评 [J]. 项目管理技术, 2013, 11 (12): 39~45.

[94] 陈通, 杜泽超, 姚德利. 基于 AHP 的 PPP 项目中私人投资部门的选择模型研究 [J]. 曲阜师范大学学报 (自然科学版), 2011, 37 (3): 6~10.

[95] Xukuo Gao. Partner Selection About PPP Reclaimed Water Project Based on Extension Evaluation Method. The 19th International Conference on Indusia Engineering and Engineering Management, 2013: 411~417.

[96] 杜雪梅. PPP 模式下准经营性城市基础设施项目合作伙伴选择研究 [D]. 重庆: 重庆大学, 2014.

[97] 梁竹, 毛佩佩. PPP 特许经营者评价指标的选择 [J]. 经营与管理, 2014 (10): 62~65.

[98] 东青. 准经营性基础设施 PPP 项目合作伙伴选择研究 [D]. 重庆: 重庆大学, 2016.

[99] 王波. 基于 Rough Sets 理论的保障房项目后评价指标体系优化 [J]. 土木工程与管理学报, 2016, 33 (4): 68~75.

[100] 钟瑞琼. 基于模糊 VIKOR 和熵权方法的外包供应商选择模型构建及应用研究 [J]. 暨南学报 (哲学社会科学版), 2012, 34 (6): 89~94, 163.

[101] 李健, 张素梦, 刘悦, 等. 基于模糊集理论、熵和 VIKOR 法的汽车制造业供应链模式选择 [J]. 科技管理研究, 2015, 35 (21): 195~201.

[102] Sabry M I. Good governance, institutions and performance of public private partnerships [J]. International Journal of Public Sector Management, 2015, 28 (7): 566~582.

[103] Athias L. Local public-services provision under public-private partnerships: Contractual design and contracting parties incentives [J]. Local Government Studies, 2013, 39 (3): 312~331.

[104] 王守清, 刘婷. PPP 项目监管: 国内外经验和政策建议 [J]. 地方财政研究, 2014 (9): 7~12, 25.

［105］陈婉玲．基础设施产业 PPP 模式独立监管研究［J］．上海财经大学学报，2015，17（6）:47~56.

［106］陈红，黄晓玮，郭丹．政府与社会资本合作（PPP）：寻租博弈及监管对策［J］．财政研究，2014（10）：20~24.

［107］李小莉．考虑声誉的公私合作项目监管演化博弈分析［J］．系统工程学报，2017，32（2）:199~206.

［108］张维迎．博弈论与信息经济学［M］．上海：上海人民出版社，2002.

［109］李士梅，高维龙．契约视角下政府委托第三方提供养老服务的激励约束机制分析［J］．内蒙古社会科学（汉文版），2018，39（2）：117~124.

［110］Kreps D P Milgrom，Wilson R. Rational Cooperation in the Finitely Repeated Prisons Dilemma，Journal of Economic Theory，1982（27）：245~252.

［111］Barro R. Reputation in A Model of Monetary Policy with Incomplete Information，Journal of Monetary Economics，1986（17）：3~20.

［112］周兰萍，史梦清，张留雨．十九大关键词告诉你：养老领域为何首选 PPP［J］．中国建筑装饰装修，2017（11）：84~87.

［113］李文，平玲娣，陈小平．基于 Dirichlet 分布的电子商务信誉评估模型［J］．电子科技大学学报，2011，40（5）：737~741.

［114］Cole S，Brown M，Sturgess B. Applying reputation data to enhance investment performance. World Economics，2014，15（4）：59~72.

［115］赵金煜，邢潇雨，刘彩霞．基于 KMRW 模型的养老 PPP 项目社会资本方监管研究［J］．会计之友，2019（1）：27~31.

［116］孙霞，赵晓飞．基于 KMRW 声誉模型的渠道联盟稳定性研究［J］．科研管理，2009，30（6）：100~106.

［117］Shapley L S. A value for n-persons games［J］．Annals of Mathematics Studies，1953（28）：307~318.

［118］Aubin J P. Coeur et valeur des jeux flous à paiements latéraux［J］．Comptes Rendus de I' Acad Sci Paris，1974，279（6）：891~894.

［119］MARES M. Coalition forming motivated by vague profits［C］．Proceedings of the Transactions，Mathematical Methods in Economy，Ostrava，1995：114~119.

［120］陈雯，张强．模糊合作对策的 Shapley 值［J］．管理科学学报，2006，9（5）：50~55.

［121］于晓辉，张强．具有区间支付的合作对策的区间 Shapley 值［J］．模糊系统与数学，2008，22（5）：151~156.

［122］于晓辉，张强．基于区间 Shapley 值的生产合作利益分配研究［J］．北京理工大学学报，2008（7）：655~658.

［123］谭春桥，张强．具有区间联盟值 n 人对策的 Shapley 值［J］．应用数学学报，2010，33（2）：193~203.

［124］财政部政府和社会资本合作中心．https：//www. cpppc. org. 8082/inforpublic/homepage. html/projectpublic.